湛庐文化
Cheers Publishing
a mindstyle business
与 思 想 有 关

中国众创空间行业发展蓝皮书(2016)

中国众创空间的现状与未来

增订版

优客工场◎编著　毛大庆◎主编

Bluebook of the Development of Group Innovation Spaces in China (2016)

THE STATUS QUO AND FUTURE OF GROUP INNOVATION SPACES(GIS) IN CHINA

图书在版编目（CIP）数据

中国众创空间行业发展蓝皮书（2016）：中国众创空间的现状与未来（增订版）/ 优客工场编著；毛大庆主编 .—杭州：浙江人民出版社，2016.8

ISBN 978-7-213-07593-3

Ⅰ.①中… Ⅱ.①优… ②毛… Ⅲ.①知识创新 – 研究报告 – 中国 –2016 Ⅳ.① G322.0

中国版本图书馆 CIP 数据核字（2016）第 206560 号

上架指导：经济概况 / 经济趋势

中国众创空间行业发展蓝皮书（2016）：

中国众创空间的现状与未来（增订版）

优客工场 编著

毛大庆 主编

出版发行：浙江人民出版社（杭州体育场路 347 号 邮编 310006）

市场部电话：（0571）85061682 85176516

集团网址：浙江出版联合集团 http://www.zjcb.com

责任编辑：蔡玲平 陈 源

责任校对：陈 春

印 刷：北京中印联印务有限公司

开 本：880 毫米 ×1230 毫米 1/32 印 张：8.75

字 数：9.5 万 插 页：9

版 次：2016 年 9 月第 1 版 印 次：2016 年 9 月第 1 次印刷

书 号：ISBN 978-7-213-07593-3

定 价：49.90 元

《中国众创空间行业发展蓝皮书（2016）》编委会与课题组名单

编　　　著：优客工场

主　　　编：毛大庆

执行主编：（按姓氏笔画排序）

石　南　张东妮

编委会成员：（按姓氏笔画排序）

于凤霞　马　宁　王　峰　王进展

王金勇　冯　波　刘　洋　汤　健

孙启新　李　阳　李　巍　李开复

杨叶阳　杨彦茹　吴　声　汪宏坤

汪静波　汪潮涌　沈南鹏　张志宏

张　辉　张　震　陈　梁　陈　晴

苗　绿　赵智勇　秦　君　徐小平

盛延林　隋志强　韩学渊　霍福鹏

课　题　组：（按姓氏笔画排序）

王　凯　王　浩　田　涛　朱子龙

刘　英　刘　岩　齐　磊　许正蓉

范　宇　林詹钦　项甜甜　赵知默

贺叶楠　徐彬超　高　超　潘振华

指导单位：科学技术部火炬高技术产业开发中心

研究机构简介

优客工场

优客工场由毛大庆先生发起，红杉资本中国基金、真格基金、创新工场、亿润投资、清控科创、诺亚财富、中融信托、中投汉富、银泰集团等多个机构共同投资，与国内多位知名企业家联合创始成立。旨在打造全球领先的联合办公社区、资源高效整合的商业社交平台。

在这里，您可以享受舒适的办公环境，结交优质的商业人脉，获得高效的专属服务。

为了让平行世界里的人能够相互遇见，是优客工场对创业者的郑重承诺；让创业简单，让生命精彩，是优客工场作为联合办公空间的历史使命。

中国科协科学技术传播中心

中国科协科学技术传播中心是中国科协直属事业单位，致力于促进科技成果传播和转化，开展与国内外最新科技成果推介相关的学术交流和科技合作，宣传科学文化和杰出科学家，为实施创新驱动发展战略服务，为经济社会发展服务。

中国与全球化智库

简称 CCG（Center for China and Globalization），是中国领先的国际化智库，成立于 2008 年，总部位于北京，目前拥有全职智库研究和专业人员近百人。CCG 致力于中国的全球化战略、人才国际化和企业国际化等领域的研究。在全球最具影响力的美国宾夕法尼亚大学《全球智库报告 2015》中，CCG 入选全球最值得关注智库百强；在中国顶级智库排行榜中名列第七，居社会智库首位。

北京众创空间联盟

集合包括优客工场在内的北京市 85 家众创空间、投资机构和科技企业，旨在提升众创空间的整体发展水平，推动创新创业服务资源开放共享，为草根创业者提供更优质便捷的服务。

共享际（5Lmeet）

城市空间及内容运营商。在这里，空间与内容、产品与社群会发生奇妙的化学反应，人们在空间里共享居住、共享办公、共享美食、共享艺术、共享服务。

幂次方学院

一个推行全案例教学的创业学院，聚焦失败案例教学，沉淀案例知识库，助力企业发展；定向培养行业集群，推动行业发展。

摘要

2015 年是中国众创空间（简称 GIS）元年，在这个重要的时间点，我们推出了首部《中国众创空间行业发展蓝皮书》，对整个行业的发展概况进行细致梳理。

依托巨大的市场，中国正成为全世界范围内共享经济发展的新增长点。在政策引导和市场虹吸的双重作用下，作为共享经济重要组成部分的众创空间，璨然爆发。2016 年，以优客工场、SOHO 3Q、无界空间等为代表的一批众创空间，正迎来巨大的发展机遇。

为推动经济结构调整和经济增长方式转变，中国政府发出“大众创业、万众创新”的号召。为配合这一战略引导，中国政府对商事注册制度、科研经费使用制度、创新产业的税收减免制度等，进行了一系列重大改革，极大地鼓励了创业、创新的热情，一个创新创业的时代正在徐徐展开。

创业、创新的热情催生了大量小微创业企业的办公需求。这类创新企业，固然需要符合自己创业发展阶段的物理办公条件，但更重要的是，他们更加需要一个能够激发商业灵感、整合上下游合作链条的创业生态。这正是共享办公需求得以快速增长的市场基础。

不过，蓬勃昂扬的态势并不能掩盖中国众创空间在成长中的问题。概念化的“一拥而上”、缺乏明确可行的行业标准、运营主体专业素质和能力良莠不齐等因素，都在制约着众创空间——这个有着庞大需求和市场前景的朝阳产业。

在实施供给侧结构性改革作为中国经济转型升级主线的背景下，众创空间还承担着去化过剩产能、盘活城市存量不动产、为创新经济发展降低成本的任务。只有对中国众创空间的发展现状有清醒的认知，对行业趋势有准确的判断，对市场各主体的角色有清晰的厘定，众创空间才能在经济结构调整和经济增长方式转变方面发挥更大的作用。

Abstract

2015 is regarded as the beginning year of the development of Group Innovation Spaces (GIS) in China. Based on a detailed analysis of the development of the GIS industry, we are now issuing the *Bluebook of The Development of Group Innovation Spaces in China.*

Thanks to the significant domestic market, China is becoming a new rising point of sharing economy in the world. Group Innovation Spaces, as an important component of sharing economy, is thriving dramatically with the help of government policy and the huge market. In 2016, Group Innovation Spaces such as UrWork, SOHO 3Q and Woo Space, are embracing great development opportunities.

In order to promote the economy structure adjustment and the transformation of the economic growth mode, the Chinese government is making a nationwide call for entrepreneurship and innovation. To better implement this strategy, the Chinese government took major reform measures on commercial registration system, research expenditures system, innovation industry tax relief system and so on. An era of entrepreneurship and innovation is coming.

Vivid passion for entrepreneurship and innovation is boosting needs for co-working spaces for micro enterprises and entrepreneurs. These companies need working spaces that match their entrepreneurial stages. Moreover, they need an entrepreneurial ecosystem that could inspire their business and integrate the upstream and downstream industry chain. These needs laid solid foundation for the rapid development of co-working spaces.

However, the flourishing trend cannot cover up all problems of the development of Group Innovation Spaces. Some of the restriction factors include lacking of industry standards that are feasible; and the inrush of too many subjects of operation with different capabilities.

As the supply-side reform becoming the principal line of the transformation and upgrading of China's economy, Group Innovation Spaces also undertake tasks such as reducing excess production capacity, revitalizing the stock of real estate in major cities, and reducing the cost of innovation economy. Only when conscious cognition of the status quo of Group Innovation Spaces, the accurate judgment of industry trend, and the role of all subject of operation are taken shape, can the Group Innovation Spaces play more significant roles in the restructuring of economics and the transition of economics growth style.

目录

Ⅰ. 中国众创空间的内涵与外延

Ⅱ. 政策环境分析

Ⅲ. 中国众创空间的发展现状及市场需求变化

Ⅳ. 问题与挑战

Ⅴ. 推动众创空间发展的建议

Ⅵ. 共享办公的国际经验

Ⅶ. 行业趋势及商业前景

Ⅷ. 以优客工场为例进行众创空间模式探索

IX. 从共享际的发展看共享办公到共享社区的商业逻辑

附录 1　合作、创新、共享，商业界的“共同价值”

附录 2　以全球化视角看共享经济的崛起

附录 3 用户体验是共享经济获得快速发展的不二法门

附录 4 从优客工场看共享经济的九字要诀

Contents

Ⅰ. The Connotation and Extension of GIS in China

Ⅱ. Policy Analysis

Ⅲ. The Status Quo and the Change of Market Demand of GIS in China

Appendix 1 Shared Value in the Marketplace: Cooperation, Innovation and Sharing

Appendix 2 The Rise of Sharing Economy: from a Globalization Perspective

Appendix 3　User Experience Is the One and Only Way to Rapid Expansion of Sharing Economy

Appendix 4　Nine-Word Knack of Sharing Economy: from UrWork's Perspective

I．中国众创空间的内涵与外延

The Connotation and Extension of GIS in China

Bluebook of
The Development of Group
Innovation Spaces in China
2016

1. 众创空间的缘起

The Origin of GIS

客观而言，中国当前的众创空间，是对美国众创空间商业模式结合中国市场特征“中国化”的成果。美国最早的众创空间是创立于2010年的WeWork。WeWork位于美国纽约，专注于联合办公租赁市场。公司最初成立时，面积还不到300平方米，但一个月后就实现了首次盈利。2014年，WeWork实现了1.5亿美元的营业收入，利润率达到30%，市场估值超过50亿美元。

除了运营办公空间（办公室、会议室、娱乐设施、生活设施）外，WeWork还为创业者提供各种跟创业关系密切的活动，如定期举办社交活动，促进创业者之间、创业者与投资人之间的交流；充当中间人，为创业者之间、创业者和投资人之间、初创企业和成熟企业之间搭建业务或资本合作的桥梁。

此外，WeWork还积极组织第三方创业服务机构，为入驻的创业者提供法律、人力资源等方面的培训活动等。

2. 众创空间的四种模式

Four Typical Operation Patterns of GIS

A.WeWork 模式 / WeWork

WeWork 的模式有三大核心：成本控制、空间设计和社区构建。

成本控制。众创空间的位置非常重要，WeWork 的空间全部选址在城市核心地段的核心位置。目前，WeWork 进入了美国的 10 个城市（东部 4 个、西部 4 个、南部 2 个）以及伦敦、阿姆斯特丹等地，基本上都是科技、教育神经极度发达的地方。但它们获取的房子却形态各异，包括仓库、超市、文化建筑等，主要是为了控制成本。同时，WeWork 做非常高效的设计，出桌率可以达到 5.5 平方米 / 人。

空间设计。WeWork 的空间设计由心理学家完成，而非室内设计师。WeWork 特别看重如何调动众创空间中使用者的心理感受，这是特别有意思的地方。

社区构建。活动是 WeWork 的一个核心，包括线上社区、会员体系等。反而，它的创业辅助性服务并不是最主要的。很多时候，共享办公服务的对象并不只是创业公司，而是大量的自由职业者、小微企业、大企业的外挂机构等，甚至克林顿的办公室都在 WeWork 里面。它做的是生态和圈子文化，投资孵化并非它的核心。

B.TenTen Wilshire 模式 / TenTen Wilshire

这是洛杉矶一个很有意思的项目，目前正在复制到美国其他城市。它是一个集成公寓、办公、娱乐等多种服务的综合体，对应到国内可以理解为共享办公和 U+ 公寓的结合体。它的特点是拥有大面积的公共场所，包括娱乐、体育运动、点子交易等，鼓励空间里的人多在公共区域内交流沟通，是一个典型的社区概念联合空间，一个“在一栋楼里办所有事”的空间。

怎样让大家更多地交流？社区的独立居住空间都是极简的、标准化的，甚至只有床和桌子，其他所有的活动都在公共空间内完成。但比起大学宿舍式的共享空间，社区里的设施都非常智能化，在保证优质体验的同时，把大家都“赶”到一起吃饭、娱乐、运动、聊天。

C.RocketSpace 模式 / RocketSpace

RocketSpace 专注于做未来“独角兽”的孵化，它的方式是整合资源，做生态系统，很多大企业都是它的资源合作方。RocketSpace 每月会从 100 家申请者中筛选出 20 家左右入驻孵化，入驻企业将会得到丰富的资源支持。

RocketSpace（以下简称 RS）的创始人非常善于整合国际资源，将一些国家的科研经费、自然基金会等资本引入创业项目，与出资方共同孵化科研项目。另外，RS 还为一些想转型的大型企业提供转型实验室，其中以高科技为核心竞争力的实验室占大多数。

这个空间的收费非常昂贵，比市场价高出 3 倍。创业者们仍然争先恐后地申请，为的就是进入到这个围绕 RS 的生态系统中来，吸取它所提供的养分。

目前，RS 已经孵化了 175 家创业公司，募集了来自会员和校友的 47 亿美元资金，全球合作伙伴 75 家。

D.YC 模式 / Y Combinator

Y Combinator 是一个孵化器公司，它常常被简称为 YC，类似的还有 500 Startups 等。这种模式是综合性的共享办公空间，它提供办公空间、导师、投融资对接等创业资源，可以理解为创业加速器。它更强调资源整合。从 YC 毕业的公司总融资额达 30 亿美元，市值累计超过 300 亿美元。

以 YC 和 500 Startups 为代表的“空间 + 系统 + 生态 + 投资 + 后台”的创新模式，特别之处在于其具备帮助创业者快速成长的能力。加速器在美国的数量也是极少的，硅谷地区也只占到孵化空间的 5% 左右，但这是最成功的一种孵化空间。

3. 中国众创空间的基本定义和标准

Basic Definition and Standards of GIS in China

众创空间是指依托广泛社会资源，为创业者提供包含工作空间、网络空间、交流空间和资源共享空间在内的各类创业场所，为创业者提供低成本、便利化、全要素的创业服务平台，并开展社会化、专业化、市场化、网络化的特色创新创业孵化服务的，合法注册的独立法人。

结合中国市场的特点，中国的众创空间应具备如下标准、功能及服务：

- 空间规划科学合理、务实高效。娱乐设施丰富，有咖啡、啤酒。服务创业者的同时又能让创业者感受到温情。
- 由第三方提供企业所需的税务、法律等方面的配套服务。
- 选址非常讲究，选择在繁华或极具发展潜力地段，且空间设计匠心独运，每一楼层的空间布局都有所不同，匹配相应的容纳人数。

- 丰富的商业生态搭配。能够使入驻企业、创业者拥有与同领域上下游产业链、不同领域横向产业链，进行创业灵感交流、商业业务合作的完整生态体系。

因此，众创空间是一种以降低办公室租赁成本为基本初衷，以构建丰富商业生态为目的，为创业及成长阶段的企业和个人提供联合办公环境的业态。它不仅提供硬件的联合办公场所，也提供从商业生态构建到企业事务性工作的软性服务。

Ⅱ. 政策环境分析

Policy Analysis

Bluebook of
The Development of Group
Innovation Spaces in China
2016

2015年，中国政府提出“大众创业、万众创新”，意图通过鼓励创新型经济，加大研发、技术、创新在国民经济体系中的比重，完成经济增长方式转变和经济结构调整。围绕这一核心思路，中国政府采取了一系列措施。

1. 商事制度改革

Reform of the Business System

改注册资本实缴制为认缴登记制。改“先证后照”为“先照后证”。将工商登记前置审批许可改为后置审批许可，仅保留34项前置审批许可项目。改企业年检制为年报公示制。改市场巡查为随机抽查，实现抽查对象和抽查主体“双随机”，进一步规范部门执法，减少执法上的随意性。简化市场主体住所（经营场所）登记手续。推行电子营业执照和全程电子化登记管理。

这一项改革，极大地激发了民间的创业热情，公司注册、兴办的门槛大为降低，客观上形成了众创空间的巨大需求。

2. 普惠性税收措施

Inclusive Tax Measures

落实科技企业孵化器、大学科技园、研发费用加计扣除、固定资产加速折旧等税收优惠政策。对符合条件的众创空间等新型孵化机构适用科技企业孵化器税收优惠政策。按照税制改革方向和要求，对包括天使投资在内的投向种子期、初创期等创新活动的投资，统筹研究相关税收支持政策。

这一系列措施，对投资、兴办创业企业从税收政策上予以极大的鼓励，对创业企业负担的减轻、盈利能力的加强，都起到了正向积极的作用，客观上增强了对众创空间需求的持续性。

3. 优化资本市场

Optimization of the Capital Market

支持符合条件的创业企业上市或发行票据融资，并鼓励创业企业通过债券市场筹集资金。积极研究尚未盈利的互联网和高新技术企业到创业板发行上市制度。

资本市场衔接制度的建立，为众创空间自身及其服务企业和个人的未来发展前景规划了较为明确的路径，给众创空间与资本对接以及未来资本的获利退出模式预留了空间。

Ⅲ. 中国众创空间的发展现状及市场需求变化

The Status Quo and the Change of Market Demand of GIS in China

Bluebook of
The Development of Group
Innovation Spaces in China
2016

1. 中国众创空间的发展现状

The Status Quo of GIS in China

我国第一个众创空间是2010年10月1日成立于上海的“新车间”。据不完全统计，至2015年，各地的众创空间数量已达500多家（也有人说有近千家），其中已有近100家众创空间被纳入国家级科技企业孵化器的管理服务体系。从地域分布来看，浙江、广东、湖北、上海、北京等创新创业氛围较为活跃的地区，众创空间数量居全国前列，北京、上海还成立了众创空间的联盟组织。

我国的众创空间可大致从三个层面来划分。

一是北京、上海、深圳、广州等特大型城市的众创空间。这些城市科研力量强、经济发达，信息技术、智能化制造加工配套能力强，政府支持力度较大，创客活动也比较活跃。如北京一些众创空间得到了中关村创新孵化器的授牌，享受税收、房屋租赁资金优惠及创业孵化服务等支持。

二是科技基础较好的中心城市的众创空间。诸如西安、杭州、武汉、成都、厦门等地的众创空间开始起步。但由于产业基础以及科技服务限制，这些众创空间缺乏较系统发展计划、政策资金以及产业配套支持，发展相对滞后于一线城市。

三是依托高校以及科技园区形成的创客空间。例如杭州的洋葱胶囊。高校、科技园区内科研资源条件较好，能发挥教师、学生的专业和兴趣特长，引发了高校创客空间的萌动和发展。

2. 中国众创空间的主要模式

Typical Patterns of GIS in China

根据组建方式、创业服务内容和运营模式等方面的不同，我国目前的众创空间大致可分为专业服务型、培训辅导型、媒体延伸型、投资促进型、联合办公型和综合生态型 6 类（见表 1）。

表 1　　我国现有众创空间分类

类型	运营模式	举例
专业服务型	以项目发布、展示、路演等创业活动，为初创企业提供社交网络、专业技术服务平台、产业链资源支持等服务。	北京创客空间、上海新车间、深圳柴火创客空间、洪泰创新空间、极地国际创新中心、头条号创作空间
培训辅导型	整合教育资源，以结合实际的理论培训体系为依托，作为学生学者创新创业的实践平台。	清华 x-lab、北大创业孵化营、亚杰汇
媒体延伸型	利用新媒体宣传优势为企业提供包括宣传、信息、投资等各种资源在内的线上线下相结合的创业服务，其中部分机构借此衍生出培训辅导功能。	36 氪、创业家、创业邦、黑马会

续前表

类型	运营模式	举例
投资促进型	设立资本平台，聚集各类投资机构及投资服务机构，吸引汇集优质创业项目，为投资人提供项目资源，为创业企业提供融资服务。	车库咖啡、Binggo咖啡、3W 咖啡
综合生态型	提供包括金融、培训辅导、招聘、运营、政策申请、法律顾问乃至住宿等一系列综合性服务。	创业公社、科技寺、融创空间、国安创客
联合办公型	以物理空间为基础，综合上述各型模式，致力于打造生态化的联合办公体系，为场内及社会性客户提供全要素服务。	优客工场、无界空间、P2、梦想家、SOHO 3Q

其中，比较知名的共享办公运营主体如下：

A. 优客工场 / UrWork

优客工场由知名企业家毛大庆先生发起，红杉资本、真格基金、创新工场、亿润投资、清控科创、诺亚财富、中投汉富、高榕资本、永柏联投等多个投资机构共同投资，中国多位知名企业家联合创始成立。优客工场定位为“创业加速器”“创业助推器”，致力于打造全要素、社区化的联合办公空间。在实现全国16个城市、36个场地、20万平方米、3万个工位的全面布局基础上，发展金融投资体系、商学院、传媒公司、公共咨询、人力服务等衍生模式，同时生态构建联合办公、大健康、运动、国际商业数据咨询、商业资讯评论等行业体系。

B. SOHO 3Q

SOHO 3Q项目以短租SOHO中国的写字楼办公室为形式，预订、选位、支付等环节均为线上模式。在SOHO 3Q，以月或周为周期，可租一个办公桌、一个独立办公室，可以随时随地手机上预约、付款，还可以享受餐点、咖啡、复印打印等服务，客户只需要带着手机和电脑来工作。

C. 无界空间 /Woo Space

无界空间是北京联合办公空间之一，人称“别人家的办公室”。无界空间将“创业 + 生活”紧密结合起来，通过空间设计和功能性、舒适性的规划，让大家在高效工作的同时，可以享受生活。无界空间是共享经济模式的体现，在这里可以拥有所有创业、工作所需要的服务和资源。

3. 市场需求的变化

The Change of Market Demand

随着中国经济发展模式转型的深入，创业环境的不断优化以及资本驱动的不断强化，众创空间的市场需求也呈现出不断变化的态势，这给中国众创空间的发展提出了新的要求。

A. 对完整商业生态环境的需求不断增强

创业者和创新公司不再将众创空间简单地视为降低办公硬件成本的联合办公场所，而是越发看重众创空间所构建的商业生态及其附属链条，以及自身在这一链条当中所处的地位和位置。他们希望进入一种完整的商业生态，并在这一生态系统中，确定自身合适的位置，进而碰撞商业思想，创造新的商业合作机会甚至模式。

B. 对第三方软性专业服务的需求不断增强

随着资本驱动在创新创业型企业中的不断强化,创新创业企业的发展速度也在不断提升。因此,众创空间的使用者,更多地需要有第三方的专业机构介入,为自己提供专业、权威、高效的财务、法务、人力资源等方面的事务性工作服务,从而确保自身将主要精力置于业务创新层面,提升整体的运行效率。

C. 对专业性资源、工具导入和整合的需求不断增强

随着国家“科技强国”等一系列战略的实施,科技研发类企业在创业者群体中的比例不断上升。这类市场主体对于专业性资源、数据、设备的需求日益迫切,它们对众创空间的需求,已不再是简单的相对较低成本的联合办公场所,而是希望众创空间能够提

供自身研发所需要的数据、设备资源，同时也能参与交换。

众创空间应该保持自身的特色，寻求差异化的发展。要在服务创业者全方位需求上下足功夫，即考虑到创业者的学习、创业、工作、产业、社交、健康、居住、生活等方面的需求，以及基于这些方面的服务品质提升。众创空间应服务于创业者，帮他们实现梦想，成就梦想。

Ⅳ. 问题与挑战
Problems and Challenges

Bluebook of
The Development of Group
Innovation Spaces in China
2016

随着市场需求的不断变化，目前众创空间也面临着一系列问题与挑战。

1. 众创空间政绩指标化

The Indexation of Performance

有一些地区把建设众创空间数量当作硬指标，或者通过政策优惠强行推出一些成长性较差、功能性较低的众创空间，这只能形成表面的繁荣，难以从实质上促进创新创业。在对某一众创空间发展状况进行评估检测时，应当不唯孵化面积、在孵企业数量、服务创业者数量等指标，而是更注重其创新创业服务能力和孵化企业存活率。

比如，某省提出到2020年，要培育1 000家以上众创空间等新型创业服务平台，有些省市提出每年建设培育100家以上众创空间的政策目标。这只能形成表面的繁荣,难以从实质上促进创新创业。

有些地方为了完成指标，粗暴地“拉郎配”，将不属于创业的项目放入众创空间。很多众创空间“有店无客”，人员参与度、活跃度都很低。

2. 众创空间存在“散”和“薄”的现象

Lack of Industry Magnates

我国众创空间刚起步,有“散”和“薄”的特点。

散，是指企业相当分散，不成规模，全国化布局的就更加少。有的只是租个厂房，摆几十张桌子。有的拿到政府补贴后就解散了。

薄，是指底子薄、力量薄，基本都处于单打独斗的状态。底子薄，就是普遍缺乏资金，贷款困难，再融资困难。力量薄，就是无法承担大的责任、抵御大的风险。

众创空间各自为政，自设小圈子，除极少数联盟外，基本谈不上联合。

3. 区域发展不平衡

Unbalanced Regional Development

我国众创空间的发展呈现出明显的区域性失衡，与地区经济发展水平、政策支持力度有关。比较活跃的城市包括北京、上海、广州、深圳、杭州、南京、武汉、成都、厦门等，广大中西部小城市则创新能力不足、创业氛围不浓，不少地区众创空间还是空白。

国家鼓励创新创业，但形成浓郁的“双创”氛围，还需要较长的时期。我国的个人公司及自由职业者数量虽然近年增长很快，但创业群体对联合办公还有一个接受过程，并呈现出东部与中西部、发达城市与欠发达城市的明显分化。

4. 盈利模式单一，资金匮乏

Single Profit Model, Lack of Fund

众创空间多以租金作为重要盈利来源，甚至是唯一的盈利来源。在政策扶持期尚能勉强维持生存，一旦失去补贴可能就难以为继。而一线城市场地租金过于昂贵，新创企业原本就比较脆弱，如果业主提高租金，势必将他们驱赶离开。

此外，在部分城市，有商业地产商也加入分食众创空间，但不能真正给予创客们场地优惠、资源接入以及其他所需要的服务。

资金缺乏已成为制约科技型中小企业成长、科技成果转化的主要瓶颈。大部分众创空间拿不到一分钱投资,有些众创空间做完A轮融资就陷入困境。

5. 专业化程度不高，运营管理人才欠缺

Low Specialization Level, Lack of Operation Management Professionals

目前，绝大多数众创空间的主体都比较单一，未能建立有效的多主体互动模式，创融互动、创媒互动、创研互动、创政互动机制尚未形成，发展路径狭窄。

大多数新创企业及其创客是技术出身，不懂或不擅长运营管理，因而运营组织模式简单，动力严重不足。几个人抱着玩的心态还可以存活，一旦上升到企业管理、治理结构、商业模式，就立即卡壳。

Ⅴ. 推动众创空间发展的建议

Suggestions on the Development of GIS

Bluebook of The Development of Group Innovation Spaces in China 2016

1. 合理制定众创空间绩效指标

Set Reasonable Performance Indicator for GIS

加快众创空间发展，需要包括租金补贴、场地提供、税费减免等方面的政策扶持，但不宜将众创空间的发展作为一项硬性政绩指标。在对某一众创空间发展状况进行评估检测时，应当不唯孵化面积、在孵企业数量、服务创业者数量等指标，而是更注重其创新创业服务能力和孵化企业存活率。

2. 鼓励联盟、投资、并购

Encourage Alliance, Investment and M&A

国家主管部门应出台明确规定，支持众创空间的联合、联盟，支持有实力的众创空间开展对外投资并购、股权合作，追求规模化发展、全国化布局，争取做大做强。对具有一定规模化和盈利能力的众创空间，在直接融资尤其是上市等方面给予定点倾斜。

3. 健全众创空间投融资体系，打造全要素孵化平台

Establish and Maintain Investment and Financing System, Forging an All-Factor Incubation Platform

租金收入只是众创空间的基础收入，要形成一个自足的产业，它还必须形成全要素孵化平台、股权投资平台和资源合作共享平台。这些平台，无法完全依靠创业服务业产生，而是需要整合各类社会资源。

例如，针对智能硬件和科技产品企业，从专利转化、软硬件设计、市场化调整、融资、实体化样品到批量生产，一条产业链的贯通，需要从科研机构或高校、软件设计企业、市场或商业导师、投资人、生产线等诸多方面对相关工作进行扶助。为此要与高校、企业、行业导师、投资人和生产厂家等进行分享式合作，将不同的资源整合到同一个平

台上，使相应的服务对象获得自身无法整合的整个产业链的接续服务。但相应的各方面关系，需要政府和社会为服务业平台牵线和辅助推动，以便丰富与完善创业生态，实现创新型社会可持续稳定发展。

4. 坚持市场化配置资源的原则

Market Allocation of Resources

不少地区的众创空间及创业孵化器，前期主要由政府推动创立，有的甚至是作为示范样本来建立。但这种模式很难走远。众创空间和新创企业的发展，确实需要政府扶持，包括提供一定的财政补贴、税费减免等，但总体应坚持政府引导、市场化成长的原则。众创空间也必须经历市场大潮的淘洗。

从效率和效果出发，希望政府支持企业和机构进行创业服务业的构建和拓展，将相关事务交由市场来决定，发挥市场对资源的配置作用。政府的主要角色，应该是完善众创空间的技术服务体系、融资服务体系和孵化管理体系，而不是包办代替。政府服务不能行政化，必须引入专业化市场服务主体。

5. 认真甄别金融领域的众创空间

Screen GISes in the Field of Finance

金融领域的众创空间，尤其是涉及众筹的平台，应该严管严控。有些公司或个人，既没有互联网技术的实力，也不懂金融业务，就随意建立 P2P 平台。其获客方式主要靠线下雇用大量“理财师”团队进行地推，甚至建立不合规的资金池，进行平台自融，直接分配资金去向。

6. 降低准入门槛，简化登记手续

Reduce Barriers to Entry, Simplify Process of Registration

继续深化企业名称、经营范围和住所登记改革。企业名称可注册登记为“众创空间”“创客空间”等专业名词,其经营范围可核定为“众创空间经营管理”。

放宽企业住所登记条件，降低审查要求，积极落实“一址多照”政策。畅通绿色通道，推行“集中登记”。

Ⅵ. 共享办公的国际经验

International Practices of Co-Working

Bluebook of
The Development of Group
Innovation Spaces in China
2016

十多年前，国外就已经形成了各种类似形式的众创空间，对科技创新产生了深刻的影响。不过，国外更多是称为“创客空间”。

“创客”二字，翻译于英文单词“maker”，指不以盈利为目标，致力于把各种创意转变为现实的人。创客空间在国外有多种叫法：makerspace，hackerspace，hackspace，hacklab，creative space 等。它是一种全新的组织形式和服务平台，通过向创客提供开放的物理空间和原型加工设备，以及组织相关的聚会和工作坊，从而促进知识分享、跨界协作以及创意的实现乃至产品化。

最早的创客（众创）空间可以追溯到 1981 年在德国柏林创建的混沌计算机俱乐部（Chaos Computer Club）。进入 21 世纪，开源电子原型软硬件平台 Arduino 的发明成为创客空间运动发展过程中的里程碑事件。2005年，意大利Ivrea交互设计学院的Massimo Banzi等人成功开发了Arduino。它沿袭了开源软件运动的授权方式，任何人都可以下载电路图文档生产电路板甚至用于销售，且不收取任何专利费用，设计者可以在前人的基础上进行二次创意。Arduino的诞生，大大降低了硬件创业的门槛。

与此同时，众筹机制进一步完善，出现了Kickstarter、点名时间等一批众筹网站。在新工具、社区、开源软硬件、众筹机制、创客文化的共同合力下，众创空间运动成为一股全球化浪潮。美国是全球众创空间最多的国家。目前，全球众创空间数量已达数千家,分布在100多个国家和地区。其中，较为典型的有TechShop、Fablab、Access Space等（见表2）。

表 2　　国外典型众创空间

机构名称	起源地及成立时间	运营模式	盈利模式
TechShop	美国，2006 年	实行会员制，为会员提供价值超过百万美元的工具设备，包括车床、焊接台、离子切割机等，同时提供工作场地、人员支持和教学指导等服务。	会费（普通会员 150 美元 / 月，学生和军人 95 美元 / 月）和收费课程（50~150 美元 / 次）。
Fablab	美国，2001 年	调试、分析及文档管理各环节的低成本制造实验环境。	组建一个 Falab 大约需要 2.5 万 ~5 万美元的硬件设施和 5 000~10 000 美元维护及材料费用，大多由公共部门成立并负责运营。
Access Space	英国，2000 年	通过回收再利用的计算机、免费的开源软件为艺术、设计、电脑等领域爱好者提供办公和创造环境，提供项目交流、技能指导、展览等创新服务。半数用户为残疾人、流浪者、有犯罪前科者等社会边缘群体。	获得英国政府社会福利机构的资助。实行三级会员制，分为“赞助者”（1 英镑 / 月）、“支持者”（3 英镑 / 月）和“资助者”（10 英镑 / 月）三类，费用越高享受的服务越丰富。

续前表

机构名称	起源地及成立时间	运营模式	盈利模式
Metalab	奥地利，2006 年	为 IT、新媒体、数字艺术、摄影等领域的创客提供硬件基础设施（切割机、3D 打印机及摄影设备等）和办公空间，并组织小规模研讨会的创新实验室。	由一家非营利性组织运营，主要通过收取会费维持运营。项目和补充基础设施需要融资时，也接受赞助和公共资助。
YC	美国，2005 年	一年有两期为期 3 个月的孵化项目期，通过筛选的创业项目将获得 1.5 万 ~2 万美元的种子资金，同时利用其人脉资源提供天使投资、创业导师、创业交流、市场推广、投资推介等全方位孵化服务。	获得入孵项目约 6% 左右的股份，在初创企业上市或被其他企业并购时退出并获利。

续前表

机构名称	起源地及成立时间	运营模式	盈利模式
Plug and Play	美国，2006年	专注于科技类企业的加速器，除了为孵化项目提供公办空间外，还为创业项目举办交流活动，提供与风险投资和大企业对接、导师培训等服务。	通过办公场所出租、数据管理、人力资源服务和餐饮服务收费实现盈利。
WeWork	美国，2011年	为创业者提供廉价的众创空间，并为创业者提供社交活动、路演推介、寻求外部合作等机会。	以较低的价格批量租地，然后设计为可定制且功能较齐全的办公空间出租给创业者（最低450美元/工位/月）。

其中，Regus和WeWork是近两年在国内曝光率最高的两种众创空间形式。Regus是全球领先的工作场所创新解决方案供应商，该公司成立于1989年，总部位于英国，伦敦证券交易所上市公司。Regus的服务宗旨是，支持其客户的任何工作场所

需要，使他们能够在工作的地方，以他们最有效的方式，尽可能持久地享受工作。目前，Regus 已经在全球 900 座城市开设了 3 000 家商务中心。其产品主要包括商务办公室、商务会议室、商务贵宾室、虚拟办公室、视频通信、商务环球、灾难恢复七类。面向的客户包括新建企业、在家经营企业、中小企业和国际企业等各类企业。

WeWork 则主打办公场地租赁服务，于 2011 年 4 月创立于纽约。到 2015 年底，WeWork 的众创空间达到 58 处。目前，WeWork 以 100 亿美元的估值完成了 9.69 亿美元的融资，成为全球范围内估值排名第 11 位的创业公司。

WeWork 的盈利点主要是两个方面：一是通过写字楼“整批零租”获取差价，以会员费及配套服务形式收费；二是通过周边地价的溢价、对种子公司投资等隐形回报获利。

与众创空间概念相近的，是创业孵化器。美国《福布斯》杂志最近评出了三种级别的美国创业孵化器。分别是：

- 白金级别：500 Startups, Alchemist, Amplify LA, AngelPad, Chicago New Venture Challenge, MuckerLab, StartX, TechStars, Y Combinator
- 黄金级别：The Brandery, Capital Innovators, Dreamit, gener8tor, Healthbox, Mass Challenge, Surge
- 白银级别：AlphaLab, Betaspring, Health Wildcatters, Iron Yard, Lighthouse Labs, Plug and Play, Zero to 510

1. 国外众创空间发展特点

The Development of Oversea GISes

国外众创空间成立背景、发展模式各异，但总体上来看具备以下几个特征。

A. 注重“包容”与“共享”的理念

“包容”体现在国外大部分众创空间的入会或者使用门槛较低。一方面，对创业者的学历、背景、技能没有要求，无论是企业家、发明家、学生和军人，还是残疾人、流浪者和难民，无论任何人只要有想法和意愿，都可以进行创新创业；另一方面，大部分商业化运营的众创空间采取会员制，仅需要少量的会费或是租金便可以使用办公空间及价值高昂的实验设备。“共享”体现在这些众创空间注重为创业者提供交流、共享的空间和机会，通过举办创业交流与技能培训等活动，使有着不同经验和技能的创业者可以更好地交流、碰撞与合作，营造从“自己创业”到“社群创业”的氛围。

B. 运营模式多样，项目覆盖范围广泛

国外众创空间运营模式主要包括两类，一类以提供工具设备为主，另一类以提供创新创业孵化服务为主。前者主要为创客们提供用于制造和发明的各种工具设备或者最新的应用软件等,这些设备、软件个人购置成本较高，在众创空间中“共享”既可以降低使用成本，又可以通过培训课程提高使用技能。后者则主要为创意项目提供融资、产业化和商业化等孵化服务，利用众创空间积累的优质人脉资源和资金资源，为创意项目提供从创意转化成商品的机会。

此外，无论是以盈利为目的还是纯粹的个人爱好，从新闻社交网站创建、在线存储服务、新型

浏览器开发到小型机器人研制、手工制作等，各行业、各类项目都可以在众创空间得到实现的机会。特别是对于一些目前市场尚不明确的、小众而有趣的设计和创造，众创空间也为项目的实施提供了平台和条件。

C. 政府政策支持，鼓励多方参与

一是国外大部分众创空间是以盈利为目的的商业化组织，但也不乏政府部门和社会组织筹建和运营的非营利性机构。这些非营利性众创空间具有更多福利性，可以为低收入群体和社会边缘群体提供创新创业机会。二是许多国外众创空间的项目及成果是通过众筹网站募集资金的，这离不开政府的允许和支持。以美国为例，奥巴马政府大力推动《就业法案》，允许更多众筹平台的出现，为个人创意和发明提供资金支持。三是众创空间的建设和发展

由多部门参与。例如，2014 年 6 月美国白宫举办了第一届“创客大会”，并要求教育部和其他 5 个政府部门、超过 150 所高等院校和 130 家图书馆，联合英特尔等重量级企业共同创建更多众创空间，促进大批学生进入众创空间，成为“创客”。

2. 海外创客空间鼻祖企业运营模式分析

Operation Model of Well-Known Oversea GISes

A.ChaosCamp（德国）

全球第一家真正意义上的创客空间混沌计算机俱乐部 1981 年在德国柏林诞生。它也是全球最著名的黑客组织之一，以揭露重大的技术安全漏洞而闻名于世，从芯片到 PIN，再到智能手机，等等。作为创客空间，它是一个开放的实验室平台，里面有激光切割机、3D 打印机等基础设备，创客们聚集在这里，分享思想、技术，最终，把好的创意转化为新产品。2007 年 8 月（欧洲掀起这波潮流的 12 年后），一群北美的黑客到德国参加 Chaos Communication Camp。他们在当地燃起想在美国设立同类场所的决心，于是就在回国后创办了许多黑客空间，NYC Resistor（2007）、HacDc（2007）

和 Noisebridge（2008）等都包括在内。这些地方很快就用来设计及制造电子回路（从他们原本就感兴趣的程序设计起步），顺应自身兴趣做出实体原型，开设教室，开展活动以募集会费，添购使用的工具。

B.TechShop（美国）

自从 2006 年正式开张以来，美国最大的连锁创客空间 TechShop 目前在全美已有 6 家门店。创客或者手工爱好者们每月支付 125 美元，就可以成为会员，获得各种软硬件资源的使用权。

TechShop 是一家基于会员制工作坊而组成的社区，可以为会员提供可供使用的工具、设备、教学、创作以及支持人员，以便创造他们一直想创造的东西。这里的器具包括：铣床、车床、焊接台、离子切割机、金属板材加工设备、钻孔机、锯、工业缝纫机、手工具、塑料加工设备等。对于那些喜欢自己动手做东西，或者是做些发明创造，却苦于找不到合适器材的创客来说，Techshop 是一个理想的地方。它聚集了众多来自民间的创新想法，让创新者把原始的想法做成原型，甚至做成一个完整的产品。

第一个 TechShop 商店成立于 2006 年，在加州门洛帕克市（Menlo Park）。当时在加州有许多非常热衷于开发开放式软件、硬件的工程师和电脑高手。这些 DIY 爱好者聚集在被称为 Hackerspace 的地方写程序，做机器人，同时交流分享他们的专长和经验。Hackerspace 可以是大学校园、社区交流中心或者是一些会议室。这些活动参加者往往不求报酬，只是单纯地由于对机械电子的兴趣爱好而聚集在一起。如今 TechShop 已经在美国 6 个城市有工作室，总共有大约 3 300 名会员，有包括福特之内的大公司提供资金支持。他们计划未来 5 年内在全世界范围内新建上百家 TechShop。

3. 中外创新环境及众创空间模式对比

A Comparison of Operation Models of GISes from Home and Abroad

以中国与德国为例比较，从众创空间和创业企业的平均开业时间、办事手续、制度环境方面，可以看出中外创新环境仍有较大差异。

在企业开业时间方面，德国在 2007 年后低于高收入国家平均水平，2013 年为 14.5 天；中国 2013 年为 33 天，时间长于德国但低于中高收入国家的平均水平（40.1 天）。

在企业开业所需手续方面，德国高于高收入国家的平均水平，2004 年以来保持在 9 项手续，而高收入国家从 2004 年的 8 项降低到 2013 年的约 6 项；中国 2004 年以来一直在 12 项以上。

从宏观经济稳定性、风险资本可获得性、知

识产权保护等方面来看，德国的创新环境整体上优于中国。中国创新环境在金砖国家中整体较优，在反垄断、知识产权保护等方面较弱。德国创新环境与美国、法国相近，在发达国家行列位居前列，在宏观经济环境、知识产权保护、产业集群等方面较优，但在风险资本的可获得性等方面较弱。

4. 国际众创空间典型案例汇编

The Collection of Typical Cases on International Co-Working Space

A. 美国的众创空间

（A）Plug and Play

Plug and Play 目前已经成为一个全球性的创业加速器项目，与包括中国在内的多个国家开展合作投资项目。

30 多年前，伊朗陷入了动乱与战争中。萨义德·亚美迪（Saeed Amidi）跟随他的家人一同逃离德黑兰，移民到了美国。在加州的硅谷，他们开了一家地毯店，生意不错，赚了一些钱。后来他和他的哥哥拉西姆·亚美迪（Rahim Amidi）勇敢地将店铺抵押给银行，与他们的伊朗老乡佩吉曼·诺扎德（Pejaman Nozad）一同创立了一家叫作亚美迪

（Amidi）的房地产公司。随着硅谷地价暴涨，他们的资产数倍增加。随后，他们又嗅到了商机，投资了包括 dropbox 在内的多家互联网公司。现在，亚美迪集团（Amidi Group）已经是一家包含地产、商业服务、工业原料、投资以及地毯销售业务的大型企业。

Plug and Play 风险投资是萨义德 · 亚美迪在 2006 年投资兴办的全新投资机构。

人员

Plug and Play 本身规模不大，其主要的中高层管理人员如表 3 所示：

表 3　Plug and Play 中高层管理人员情况

姓名	职位	年龄	教育背景	其他经历
萨义德 • 亚美迪	创始合伙人	55	门罗大学管理学学士	亚美迪集团联合创始人，亚美迪合资公司创始人

续前表

姓名	职位	年龄	教育背景	其他经历
阿里拉扎•马斯鲁尔（Alireza Masrour）	执行合伙人	?	加拿大皇家路大学工商管理硕士；德黑兰大学工程学学士	Vida Tel 创始人
伊凡•扎戈姆巴（Ivan Zgomba）	合伙人	30	南伊利诺伊大学工商管理硕士	亚芬达股市研究分析师
马克•斯坦纳（Marc Steiner）	法律顾问	31	加州大学戴维斯分校法学博士	亚美迪集团法律顾问
斯科特•罗宾逊（Scout Robinson）	主管	31	加州大学洛杉矶分校文学学士	Claco.com 商务拓展
坎迪斯•丹顿（Candace Denton）	公司副总裁	36	科罗拉多大学理学学士	WiLine Networks 客户经理
埃米尔•亚美迪（Amir Amidi）	执行合伙人，旅行与酒店创新平台	40	圣克拉拉大学文学学士	Nor1 连锁经营高级总监
娜达•亚美迪（Neda Amidi）	投资经理	28	圣克拉拉大学文学学士	Zong 商业分析师

续前表

姓名	职位	年龄	教育背景	其他经历
西娜·亚美迪（Seena Amidi）	商务拓展经理	24	门罗大学	谷歌行政管理
罗宾·阿尔德希尔（Robin Ardeshir）	创新部门主管	31	伦敦大学法学学士	摩根大通实习生；Hilkoo 联合创始人

很明显，高层人员中少数族裔的占比极高，且有多名姓氏为亚美迪的人员存在。另外 Plug and Play 的企业法律顾问马克·斯坦纳同时也担任 Amidzad Parnters（一家同样由萨义德创办的投资机构）的企业法律顾问。Plug and Play 和 Amidzad Partners 在管理层有强烈的关联性。

业务

公司名字就带有浓郁的 IT 风格，“Plug and Play”是计算机术语，译为“即插即用”，指诸如 U 盘等设备可以在不安装驱动的情况下直接连接电脑运行的技术。公司的总部位于加州硅谷，主要业务有：

1）办公场所租赁

萨义德以房地产业发家，而 Plug and Play 延续了他的传统，在硅谷拥有可容纳 300 个小微企业同时办公的场所——Plug and Play 科技中心。同时，这个场地接入投资、商业服务、培训、会议室乃至媒体，为创业者提供工作的空间，让他们在数月到数年间充分挖掘自身的潜能。不过，科技中心并非简单的办公室租赁，只有经过筛选的公司才能入驻。

2）Plug and Play 创业营

每年两次，Plug and Play 都从来自全世界的数千个项目中精选 20~30 个，将他们集中到 Plug and Play 科技中心进行为期 10 周的线下集中辅导。

参加者将收到2.5万美元的种子投资，而Plug and Play将收取参与者公司5%的股权。此外，Plug and Play对接大批投资机构和相关行业的成熟公司，为参加创业营的公司下一轮融资提供便利。同时,参加创业营的公司将取得入驻科技中心的资格。

3）投资

除了投资创业营的公司，Plug and Play还进行百万美元级别的常规风险投资，但数量并不多，其投资公司的阶段也没有特定规律，从种子轮到C轮都有涉猎，也没有明显的阶段特点。每年的投资数额和投资笔数也十分稳定，从这方面来看，Plug and Play还是一家十分成熟的投资机构。

从投资的行业上来看，Plug and Play的投资内容非常丰富，从互联网产品到媒体、保健品、金融，甚至比特币都有涉猎。详细查看投资细节，Plug and Play 还曾与 Amidzad Partners 共同进行投资。而 Plug and Play 的创始人萨义德·亚美迪以及阿里拉扎·马斯鲁尔也在项目中以个人名义对项目进行频繁跟投。

Plug and Play 在硅谷的环境中独树一帜。创始人既不是专业天才，也不是传统资本大亨。从他的投资表现来看，其运营能力和资金操作并不像孵化行业这样的新兴产业，而更类似于沉稳老练的商场高手。很有可能萨义德在 Plug and Play 的主导和模范作用对企业的成功有着决定性的影响。

Plug and Play 平台并不是其盈利的重点，这个平台筛选和培养的项目，以及随后的继续投资、股权增值才是真正的盈利核心。这可以从其创始人及其名下的其他投资机构所孵化的项目中窥探一二。同时利用“不把鸡蛋放在一个篮子里”来规避风险，这样的运作方法还可能有潜藏的法律、税务优势。

总结

正如萨义德·亚美迪在近期采访中说到的，“Plug more,play less”。经历在投资圈内近 10 年的摸爬滚打，萨义德对孵化器行业的理解就是将尽可能多的资源接入企业，让他们获得优质的资源和适当的指导，尽可能自然成长，发挥出他们真正的潜能。从地毯商到投资大亨，Plug and Play 的成功很大程度上归功于这个曾经的伊朗裔难民的个人智慧与过人才华。但不能否认的是，如果没有时代的大潮，他也几乎不可能达到现今这个高度。

（B）Y Combinator

Y Combinator 是成立于 2005 年的投资公司。集中于投资种子阶段，Y Combinator 从申请者中筛选出少量项目，将他们进行线下集合，采用“夏令营”式集中培训。在向创业者提供小额资金的同时，对他们的企业进行辅导，使他们步入正轨，以独特投资方式运作，声望极高，每年的申请人可谓络绎不绝，其中包含众多日后成为“独角兽”的项目。

人员组成

Y Combinator 作为一个机构精简的组织，核心成员数量很少，如表 4 所示：

表 4　　Y Combinator 核心成员情况

姓名	职务	年龄	教育背景	经历
保罗·格雷厄姆（Pual Graham）	联合创始人	51	康奈尔大学哲学学士；哈佛大学计算机科学博士	从事 Lisp 语言开发；雅虎商城联合创始人
杰西卡·利文斯顿（Jessica Livingston）	联合创始人，合伙人	44	巴科内尔大学文学学士，英语专业	亚当斯·哈克尼斯金融集团市场副总裁

续前表

姓名	职务	年龄	教育背景	经历
罗伯特•莫里斯（Rober Morris）	合伙人	50	哈佛大学计算机科学学士；哈佛大学计算机科学博士	麻省理工学院计算机副教授，莫里斯蠕虫编写者
特雷弗•布莱克维尔（Trevor Blackwell）	合伙人	46	卡尔顿大学工程学士；哈佛大学计算机工程博士	机器人公司 Anybots 创始人，计算机科学与机器人工程专家
保罗•布赫海特（Paul Buchheit）	合伙人	38	凯斯西储大学理学学士；凯斯西储大学理学硕士	社区聚合网站 FriendFeed 创始人；谷歌第 23 位员工；Gmail 创始人，谷歌 Adsense 开发者
萨姆•阿特曼（Sam Altman）	董事、总经理	30	斯坦福大学计算机专业，辍学	场地信息应用 Loopt 联合创始人（YC 孵化器 2005 年项目）
阿里•罗哈尼（Ali Rowghani）	合伙人	43	哈佛大学工商管理硕士	皮克斯首席财务官，Twitter 首席财务官、首席运营官

续前表

姓名	职务	年龄	教育背景	经历
凯文·哈尔（Kavin Hale）	执行合伙人	35	斯特松大学英语与数字艺术学士	在线表单生成器 Wufoo 联合创始人（YC 孵化项目）
亚伦·哈里斯（Aaron Harris）	合伙人	31	哈佛大学历史与文学学士	一对一家教平台 Tutorspree 联合创始人（YC 孵化器 2011 年项目）
贾斯汀·坎恩（Justin Kan）	合伙人	33	耶鲁大学物理学学士，哲学学士	Kiko、短视频社交应用 socialcam、视频平台 Twitch 与服务外包网站 exec 创始人
杰拉德·弗里德曼（Jared Friedman）	合伙人	31	哈佛大学计算机科学学士	在线文档分享社区 Scribd 联合创始人、首席技术官（YC 孵化器 2006 年项目）

其中，保罗·格雷厄姆、杰西卡·利文斯顿、罗伯特·莫里斯、特雷弗·布莱克威尔是最初的核心成员，其余则为后加入的团队成员，但他们与 Y

Combinator 的渊源却绝对不浅。全明星阵容可以说是 Y Combinator 最大的吸引力。像罗伯特·莫里斯和保罗·布赫海特这样可以名留计算机史的名字也出现在了名单中，而炙手可热的直播平台 Twitch 的创始人贾斯汀·坎思也位列其中，影响力可见一斑。

高管年龄构成较为合理，既有经验丰富的资深从业者，也有年纪较轻的行业新贵。从教育背景上看，所有团队成员在年轻时都在世界级名校受过教育，其中不乏极高学历者。同时，拥有非常高深的计算机技术和长时间互联网从业经验也是他们的共性之一。

仔细观察可以发现，大批合伙人大都在创业阶段接受过 Y Combinator 的种子阶段投资。在获得事业的巨大成功之后，再加入该项目，成为合伙人。可以感觉到投资对象对于该组织抱有强烈的好感，甚至将自己成功的一部分归功于参与 Y Combinator 项目，这可以从他们取得事业成功之后选择参与该公司运营中看出。这也从侧面表现出，Y Combinator 对于参与创业者的帮助之大。

投资理念

在对创业者的辅导方面，项目目前有两种计划可供申请者选择。

YC Core

- 3 个月的计划；
- 12 万美元换取 7% 的股权；
- 投资于非常广泛的种类（列入软件、硬件、生物技术、非营利等）。

YC Fellowship

- 8 周的计划；
- 2 万美元换取 1.5% 的股权；
- 股权只有在公司价值达到 1 亿美元时才发生转化。

无论是 YC Core 还是 YC Fellowship，创业者选择与 Y Combinator 合作的成本都是十分高昂的。从参与过 Y Combinator 的创业者对它的高度评价，以及创业者争相参与其中来看，必然决定了与之相对应的高质量服务内容。

在 2010 年及以前，Y Combinator 的投资资金全部来自创始人个人出资。而投资项目的单笔投资绝大多数都在 10 万美元上下，多者也不超过 20 万美元，全部集中在种子阶段。这样的情况可能与资本总额较小相关。2009 年和 2010 年，由红杉资本领投，分两次向 Y Combinator 注入了 1 025 万美元风险投资，投资者中包含其后的合伙人保罗 · 布布赫海特。从此往后，Y Combinator 开始进行单笔 100 万美元以上的跟投，但绝大多数项目还是集中于种子投资阶段。2015 年 10 月，萨姆·阿特 曼筹集了7亿美元，建立了“Y Combinator持续性基金I”，专注于为较为成熟的公司提供投资。运营该投资的人也是Twitter原首席运营官阿里·罗哈尼，他与Twitter管理层发生不和离职后，成了这笔基金的运营者。在该轮融资后，Y Combinator开始进行大额的B轮乃至C轮的投资。萨姆·阿特曼提出将1亿美元投入旗下运营的Y research平台。Y research平台由杰西卡·利文斯顿发起，致力于长期、公益、科技含量高且短期没有直接经济收益的项目投资，其中最主要的项目就是人工智能“OpenAI”项目。

核心竞争力

保罗·格雷厄姆曾说过：“很多创业者根本不缺我们的钱。”正如他所说，很多Y Combinator的申请者自身都不是第一次创业，根本不缺其提供的几万、十几万美元。他们放弃部分股权的原因更是在于 Y Combinator 所提供的资源。Y Combinator 的初始核心团队，除了保罗·格雷厄姆和杰西卡·利文斯顿夫妻组合（两人都是资深的企业家），罗伯特·莫里斯和特雷弗·布莱克威尔也都是硅谷的资深大佬和技术天才。申请者的团队限于 2~4 人，很多项目又都是雏型，甚至只停留于想法阶段。获得格雷厄姆和杰西卡在发展方向上的把控，以及罗伯特和特雷弗在技术上的指点，对于企业未来发展可谓大有裨益。直到今天，这四人也是最主要的面试官，把控着项目审批的重要责任。能被他们四人挑中，无疑获得了硅谷最为精英团队的认可，也是对创业者信心的巨大支持。而后加入的合伙人更像是 Y Combinator 活生生的成功实例。作为培训机构，这样的豪华配置是创业者们难以抗拒的。

不仅如此，初期的 Y Combinator 与其叫投资机构，更像是优质创业项目的橱窗。作为资深从业者，该公司的核心团队必定掌握着大量技术、资金资源。10 年前，运用如此小的投资规模，只有慧眼识珠的顶级高手才能成功挖掘出潜在的价值，获得高倍率的回报。同时，Y Combinator 巨大的品牌效应，也让创业者们后续的融资得到了保证。

近几年在数轮融资后，现今的 Y Combinator 在投资运营上面越发向成熟的投资机构靠拢，但是“夏令营”模式才是其维持活力的最根本核心。

此外，它还提供招聘平台、新闻整合平台、教育平台和故事平台。其故事平台就是用讲故事的方式向创业者介绍他们即将面对的困难与问题，用更加活灵活现的方式进行辅导。

总结

“寻找优质互联网项目的成本已经大大降低了。”保罗·格雷厄姆曾发出如此感慨。数万美元就可以招募到优质的项目，获得股权，这是 Y Combinator 能够持续盈利的基本外部条件。但是不可忽视的是其公司内部惊人的能量：无论人员资历还是人脉资源，Y Combinator 几乎都有着得天独厚的优势。立足于硅谷，全世界的天才们都汇聚于此，成为顶级想法和技术的交流盛宴，成功也就并不那么令人惊讶了。

遗憾的是，该模式在中国本土几乎没有可复制性。无论是技术和想法上的积累，还是创新思维的数量，乃至大环境上最重要的创业者精神，我们可能都暂时达不到如此高度。如何实现这样的宏景，依然是一条艰难的道路。

联合 Y Combinator 的模式进行思考，两者虽然人员结构迥异，但运作雷同的地方却颇多。“海选项目—线下培养—后续投资”的模式，配合成熟稳健的常规投资运营，立体的模式也许就是商业孵化器行业能取得良好收益的根本所在。

B. 以色列的众创空间

（A）典型的众创空间模式（WeWork 模式）

- 模式：为入驻企业提供办公空间和社区活动，收取房租作为主要收入。
- 代表：MindSpace。

MindSpace 成立于 2015 年，目前在特拉维夫拥有两处办公场所，并均位于市中心的核心位置，在柏林和汉堡运营了共计约 9 000 平方米的办公空间。MindSpace 一般选择交通便利的城市核心区，通过长租方式收取较低的租金，再将空间进行二次设计。在 MindSpace 的空间中，独立办公空间占据较大比例，并配有社交功能齐全的功能区，例如公共休息区、公共厨房、小吧台等。入驻 MindSpace 的企业一般规模为5人左右，平均年龄在30岁以上，主要为 IT 类、投资类、地产类、传媒类和服务类企业。值得一提的是，在以色列，公司的普遍规模远远小于中国。5 人左右的企业虽然仍属于创业企业，但已算初具规模，不算是创业初期。

在 MindSpace 位于特拉维夫市中心的总部，其 CEO 兼创始人丹·扎卡伊（Dan Zakai）表示，运营空间的内容、增强社区的互动和黏性、为入驻企业带来新的生活方式是 MindSpace 目前工作的重中之重。总部将社区活动的经费、方法以及活动系列主题设计共享给各个社区，并由各个社区自主开展多种多样的社区活动。在目前的版图规划中，

MindSpace 还将未来发展重点放到欧洲和美国，希望在这些市场相对成熟但仍有众创空间且供不应求的城市拓展其业务。

总结

此类众创模式的核心仍是物业资产，在城市的核心位置选取优质物业，将其装修改造后再配以丰富的空间内容出租给企业。此类模式相对简单，且容易复制。从入驻的企业来看，此类众创空间模式的价格与其附近一般的办公空间相比，并不具备明显的竞争力，但凭借其丰富的空间内容和齐全的功能设施，稍具规模的初创企业或较为成熟的创业者是其主要客户群体。

（B）在某一领域深耕的众创形式

- 模式：空间强调入驻企业的特性，为特定人群提供众创空间，通过收取房租或参股形式获得收益。

- 代表：The Floor(金融科技)，SOSA（高科技），The Junction（黑客与计算机技术），WMN（女性创业）。

SOSA 成立于 2014 年，仅在特拉维夫拥有一处自持物业，共 1 200 平方米。目前入驻的 30 家企业全来自高科技领域。SOSA 对于入驻企业有非常严格的筛选标准，只有通过筛选的企业才能入驻，且仍需要缴纳房租。入驻企业规模一般为 4~8 人，且 SOSA 均以不同形式参股其中。这个目前只有 7 人的团队刚刚完成了 100 万美金的融资。虽然体量不大，但 SOSA 在以色列的共享办公、孵化器行业颇具名气，受到当地和海外政府的关注，且与 Intel、HP、IBM、Paypal、Microsoft 和 Visa 等科技巨头保持密切的合作关系。

WMN 以女性创业为主题，该空间的两位创始人均为女性，且有着丰富的连续创业和金融投资背景。其要求入驻的企业中，CEO 或联合创始人至少有一人为女性。创始人坦言，女性主题使得 WMN 在各个场合下的曝光率倍增，也获得了诸多机会。WMN 面向的群体是目前还无法进入加速器的初创型团队，帮他们打磨想法、勾勒产品，使其具备下一步发展的可能。更重要的是，让女性获得公平的创业环境，并加速她们在职业道路上的成长是 WMN 的宗旨。

总结

由于空间内产业或人群相对垂直，此类众创空间可对某一领域或客户群体进行深耕，无论是对入驻企业进行筛选的标准、企业入驻后可获得的服务、对外获取的资源和合作伙伴，还是宣传渠道和品牌定位方面，都更加精准。这种“主题”式的众创空间带来的产业集群，将更加有针对性地助推企业的成长，但同时也在一定程度上局限了可入驻企业的多样性，降低了内部跨界互联和打造多样生态的可能。

（C）家庭式联合办公形式

- 模式：空间的组织者承担像家长一样的管理责任，为入驻企业提供一站式的空间管理和服务，将工作与生活更加全面地融合。
- 代表：MESH，CoWork Bay。

MESH 位于以色列的“硅谷”Modiin，这是一座非常年轻的城市，集结了众多优秀的科技创新企业。整个城市共计 10 余万人口，其中 30% 以上是高学历，有 2 万余名高科技工程师。MESH 创始人摩西·波拉特（Moshe Porat）有着 22 年的科技企业工作经历，且是连续创业者。丰富的创业经验和浑厚的知识储备使他更像是入驻企业的家长和导师，为企业提供工作和生活上的指导。MESH 的宗旨是寻找生活与工作之间的平衡。在这个空间中配备了厨房、专职厨师、班车、公共食堂等多种设施，入驻企业的员工子女和周边学校的学生也经常在此组织活动和实习。整个空间对于入驻企业更像是一个超大型的客厅，大家除了在各自家中居住外，大部分时间都在此度过。

CoWork Bay 也是位于以色列的另一处家庭式共享办公空间。创始人罗查夫妇是这处位于海边的 600 平方米物业的拥有者和运营者。他们将自持的物业改造成公共的办公空间，有独立的海景办公室，也有公共小厨房，入驻了保险、地产等共 22 家企业。两位创始人有丰富的商业资讯和公共关系从业经验及社会资源，为入驻的企业提供专业帮助，并且与企业形成了非常亲密的关系。每周还会有聚餐、组织大家学习冲浪等活动，整个空间和谐美好、其乐融融。

总结

此类众创形式可以说是三种形式中社区黏性最强、入驻企业之间互动最多的一类。有着强大资源和人格魅力的物业运营和管理者，将空间内的工作和生活有机结合起来,不仅实现了高效管理空间，而且更加深入地与入驻企业进行交流，充当了导师和朋友的双重角色。这种关系的紧密程度远远超过了运营者和入驻企业在一般众创形式中建立的商业关系或是股权关系，而是真正建立了基于交流和信任的长期稳定的朋友关系。

（D）以色列联合办公模式总结

纵观以上三种众创形式，以色列的众创从形式、内容和深度上各有不同，但有一些共同的特征值得一提：

- 众创行业虽然在以色列出现较早，但从 2014 年才开始大量涌现出多种多样的空间。相比之下，中国与以色列关于众创经济的探索和研究几乎同步，二者之间存在较大的互相学习和借鉴的可能。
- 以色列土地资源相对匮乏、市场相对狭小，这一客观原因使得以色列的创新企业或众创空间，天生就具备国家化发展的基因。无论是探索海外市场，还是寻求其他合作伙伴，都是以色列企业成功的必备因素。而中国作为全球最大的市场之一，拥有广袤的市场、丰富的资源和友好的政策，自然是以色列企业走出国门的必争之地。
- 几乎所有的众创空间都极其强调一个概念，那就是社区黏性。促进企业交流、增强社区黏性作为业态的核心价值，不仅仅是为了培养稳定的客户群体、增加服务频率，使得入驻企业对空间产生认同和归属感；更重要的是空间内部形成良性的循环，创造和催生新的价值，在专注自己产品的同时，通过社区获取新的信息和资源，与其他成员互相促进，共同成长。

C. 新加坡的众创空间

（A）CBD 中的众创空间

新加坡的 CBD 聚集了大量的金融保险业、房地产和服务行业的企业。高档写字楼十分密集，租金每月 11 万 ~15 万新币。

CBD 中的精品众创社区

The Great Room 是位于 CBD 区域的一个精品众创社区，刚刚投入运营。使用面积约 1 500 平方米，租金每月 11 万新币（含物业、空调）。其中一个联合创始人有酒店业地产开发的背景，整个众创社区的设计风格非常有品质，让人非常舒服，公共区域让人想起机场的贵宾候机室和星级酒店的行政酒廊。

The Great Room 的客户大多是金融业从业者和公司，是“第二代”联合办公者，他们比那些年轻的创业者获得了更高的职业成就，有更高的支付能力，也需要更好的办公体验。他们希望能非常轻松地召开会议，让漫长的会议也能十分舒服，而不需要像在星级酒店的董事会会议室那样正式。

目前该空间最长的租约只有 3 个月，运营者认为这样非常灵活，因为他们目前也不确定现在的商业模式是否适合长期发展，短期的租赁合同对他们改变运营模式比较有利。

Chinatown 中的孵化器

Golden Gate Ventures 是位于市区的一家孵化器，藏匿于 Chinatown 的一排古老的“店屋”（一楼底商，二楼以上是公寓）中，两层共 100 余平方米，大概只能容纳两家创业企业同时办公。看孵化器的名字，就知道来自美国旧金山，口号是“连接硅谷和亚洲”。

据创始人杰夫介绍，Golden Gate Ventures 已成立 4 年，自有的基金已经投过 46 家创业企业的种子轮、天使轮和 A 轮。在他们的孵化器里，创业企业只能待 3 个月，获得投资之后他们将要搬出这里，自己寻找合适的办公地点。

杰夫认为这个中心区域非常适合做孵化器，这里不像朝九晚五、西装革履的商务人士聚集的 CBD，而是城中嬉皮士、创意人士的聚集地，吃饭聚会都很方便，创业环境放松，不会觉得孤单，无论住在城里的东南西北，公共交通都十分方便。

CBD 中的传统写字楼与高新技术企业

新加坡传统写字楼与北京东三环沿线高耸入天的甲级写字楼大同小异，租金每月 11 万 ~15 万新币，围绕是否拥有海景观瞻上下波动。一个有意思的细节是，新加坡的装修消防备案由工程承包商来负责报批，比中国的效率高很多。

以一家位于新加坡市中心东侧写字楼里的高新技术企业为例。这家企业员工大约有 100 人，开发类和市场类的员工使用的办公桌不太一样。开发员工使用的是弧形工位，桌子更大。

（B）One North 中的众创空间

以新加坡的“硅谷”One North 地区的孵化器园区 Launch Pad 为例。Launch Pad 是由具有政府背景的 JTC 集团开发的孵化器园区项目。JTC 将原来的工业厂房翻修、重建，并出租给不同的小型孵化器，由孵化器各自运营，虽然对入驻的孵化器及创业创新企业有相应的准入制度和考核制度，但也会对一些企业提供可观的补贴。入驻企业最看重的是孵化器能够为其带来各类资源，如社交、投资、辅导等。

JTC 解读了 One North 科技城的选址背景：

- 为了打造一个生机勃勃的生态系统，园区内规划了公寓、商业娱乐、工作、创业、研发等功能，其中 Launch Pad 园区一期出租率很高，二期将于 2016 年年底交付使用。
- 毗邻新加坡国立大学等大专院校，便于人才招聘。该地区也有很多生物制药企业，创业创新氛围较好。
- 价格合理，并且能将创业者的工作和生活很好地连接在一起。

Ⅶ. 行业趋势及商业前景

Industrial Trend and Business Outlook

Bluebook of The Development of Group Innovation Spaces in China 2016

1. 创客空间的生存模式

The Survival Mode of GIS

我国的众创空间大致通过以下方式生存：

- 会员费和赞助。会员费是很多众创空间维持生计的一种手段。
- 系列培训课程收入。某些众创空间通常会做一些课程培训，帮助外行快速入门或者让创客快速获取某方面技能。
- 代售收入。指给会员或者一些来空间参观的人销售一些工具或者创客制作的创新作品。
- 活动和工作坊收入。部分众创空间会举办一些有趣的创客嘉年华活动或者制作一个创意产品的工作坊，但收费不高。
- 参与孵化一些项目，获得分红。北京有些众创空间在做一些智能硬件的孵化项目。

2. 行业趋势
Industrial Trend

2015 年 3 月，国务院办公厅发布《关于加快众创空间发展服务实体经济转型升级的指导意见》，要求众创空间未来在发展上更多聚焦于实体经济，更多利用科技成果来带动量大面广的传统产业升级，更多面向市场的新需求、潜在需求，推动供给侧结构性改革。

结合部分机构的分析，我们认为，未来一段时间，中国众创空间的发展将呈现以下几个特点：

- 创业环境更加宽容，创业氛围更加浓郁，创业服务机构更加完善。
- 创业的领域更趋多元，投资机会越来越多。
- 政府的“制度红利”要比“人口红利”更大，创业数量仍将增长。
- 在毛大庆等明星效应的带动下，短期内会有大量的人和资本涌入这一领域，争做中国版 WeWork。

总体来看，众创空间单一“数桌子”的收租模式必将被淘汰。专家一致看好的是孵化器模式和创业加速器模式，它们都需要构造一种对内自足、对外开放的生态体系。这代表了我国众创空间的发展趋势。

值得注意的是，WeWork 已经来到中国。WeWork 的服务供应商体系与其会员结构对应，除了企业级服务以外，还提供了大量的个人服务，包括保险、健康、饮食等。WeWork 的服务供应商绝大部分位于美国，少数位于欧洲。这些服务商基本都没有中国区业务。这意味着 WeWork 需要在中国重新搭建服务商体系，如何落地是个不小的难题。

作为国内众创空间的代表，优客工场其实比它的老师 WeWork 走得更快也更远。优客工场并不是单纯的联合办公空间，其定位是创业加速器，打造服务平台及创业生态圈，包括服务商平台、建立商学院、媒体平台及众筹平台等，其服务商以企业级服务为主，包括财务、法律、工商、人力、IT 等服务。这些资源平台都是外来者很难在短时期内建立起来的。

3. 众创的世纪

The Era of Popular Entrepreneurship

> 未来不会是过去的样子。
>
> 尤吉·贝拉（Yogi Berra）

根据《直觉公司2020年报告》（*Intuit* 2020 *Report*）的统计结果，到2020年时，40%的美国劳动力将没有老板。即使是那些有老板的劳动者，其中很多人也会是自由职业者和虚拟员工，只是名义上属于某个公司。

从原始人类开始的狩猎采集者到如今的联合办公空间工作者，工作始终是生存的条件，为了获得报酬，换取安全。而未来，科技将成为解放劳动者的工具，笔记本（平板）电脑、智能手机、互联网以及越来越多的免费办公社交软件，让工作的边界变得越来越模糊，工作的规则由提供者说了算。

从格子间到联合办公空间再到任何一个有网络的地方，咖啡厅、家里、酒店，物理距离可能是 80 公里以外，甚至不同的国度，乃至自己定义的自由空间与时域的任意组合，都可能成为提供服务的物理空间，再也不需要将很多人聚集到同一个空间。

连接工作服务（超级专家）与需求者（企业）的平台将通过未来科技实现，未来的“联合办公空间”将用虚拟的模式实现全球共享，形成线上空间超级大网，根据需求实现交易。

未来的工作将是分布式的。分布式的办公趋势弱化了办公地点的空间意义，科技和生活方式的改变，促使工作及创业正经历着工业革命以来前所未有的转型。格子间、企业园区、朝九晚五按部就班的刻板工作将成为过去；旧有的工作模式不仅越来越站不住脚，而且越来越不受欢迎；移动办公、碎片式雇用、协同共享、创新经济将是未来；未来的职场规则是透明、合作、个性化和高度连接。

Automattic（WordPress 的开发者，估值超 10 亿美元）就是一家完全分布式的公司，远程员工遍布 43 个国家，而 Stack Exchange 与 Upworthy 则让员工可以选择在家工作。

共享办公的终极目标是做一个生态系统，更有效地服务于“众创、众包、众筹、众扶”的创新创业领域。这个生态的核心词汇是：Hospitality、Ethos、Network、Platform、Service、Technology。这正是国内以优客工场为代表的一批优秀众创空间努力的方向，通过强大的渠道分发和产品闭环，构建自己的生态王国，此亦“独角兽”与“独角兽”加速器的完美融合。

一个众创的世纪，正以不可遏制的热情在前方绽放。你我所需要的，只是奋不顾身地投入其中。

最美办公空间

The most beautiful office space

UR WORK
Coffee Bar

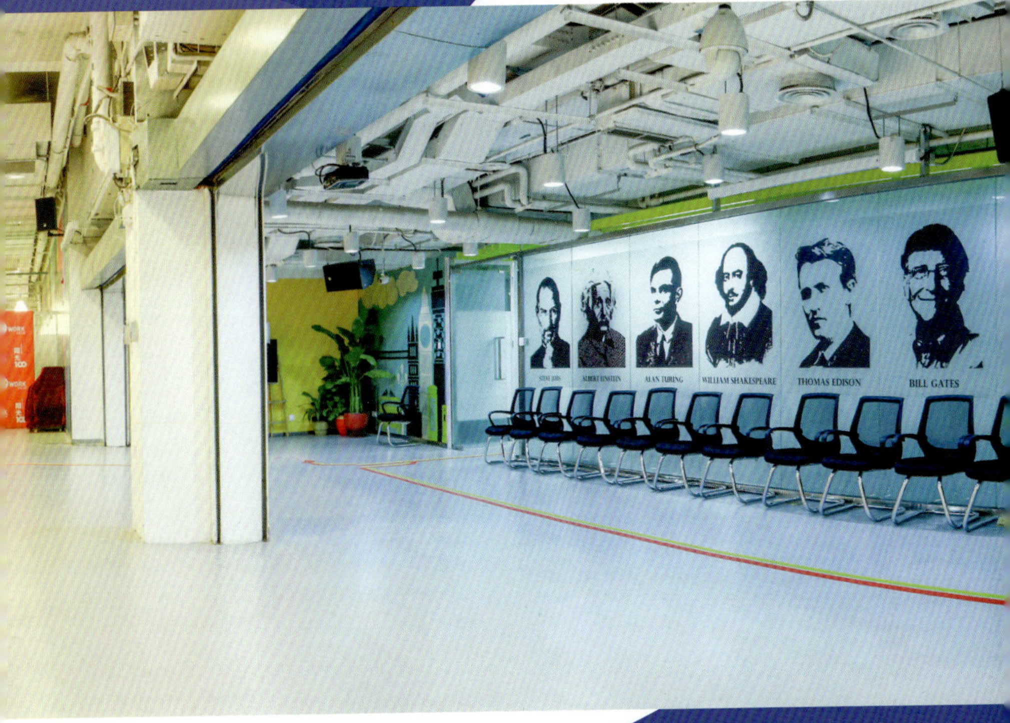
STEVE JOBS
ALBERT EINSTEIN
ALAN TURING
WILLIAM SHAKESPEARE
THOMAS EDISON
BILL GATES

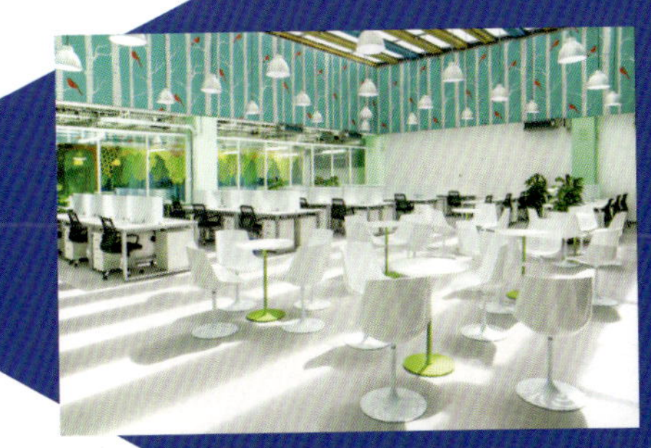

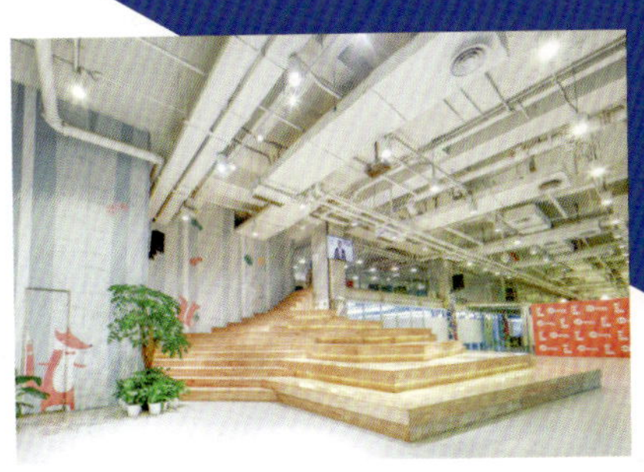

最美的墙

The most beautiful wall

WORK

Mentors
导师
Activities
社区活动
2015.6.27
2015.5.24
Service
WORK

最美工位

The most beautiful cubicle

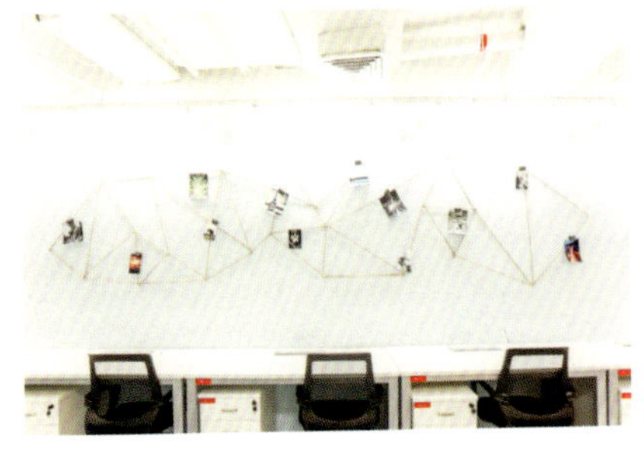

HAWAII
GARAGE

最美会议室

The most beautiful meeting room

最美咖啡区

The most beautiful office zone

WORK
Coffee Bar

最美洽谈区

The most beautiful negociation area

最美前台

The most beautiful front desk

UR WORK
UR WORK

最美休息区

The most beautiful resting area

Ⅷ. 以优客工场为例进行众创空间模式探索

The Exploration of the Operation Pattern of GIS，Take Urwork As an Example

1．场景设计师：优客工场的空间价值探索

Scenario Designer: the Exploration of the Value of Urwork's Space

A. 为客户提供最舒适的空间体验

把工作当成一种乐趣而不是负担，“在生活中工作”，是联合办公这种新型办公模式在互联网时代能够成立的初衷。

优客工场从创立伊始，在空间产品的设计上就定位为“生态系统”，因此每一个优客工场社区都像是一座微缩版的城市综合体，囊括了使用者的衣、食、住、行等功能。社区包含了咖啡厅、轻餐区、书吧、诚信超市，以及酒吧、剧场、画廊、健身房、胶囊公寓、医疗诊所、游戏室，甚至母婴室等空间，并且新的空间场景还在不断迭代中。

场景 1：咖啡休闲空间。人们可以在这种轻松舒适、绿意盎然的空间中交流、办公、闲坐。这个“社会化”空间同时还承载着企业客户的信息发布功能，充分利用了空间流量，扩大了信息传播的受众面。

场景 2：每周五傍晚的“Beer Party”。创业之余的休憩狂欢，远离周五的交通拥堵，使得这里成为一处充满欢声笑语的场景。

场景 3：书吧。人们可以在这里轻易找到各类经典及最新畅销书籍，每一本书都经过精心筛选，带给你一个全新的世界。

场景 4：诚信超市。在这里可以通过刷二维码支付，很方便地自助买到各种必需品。

场景 5：角落里的放松椅。阳光 100 社区健康诊所门口的自动按摩椅，可以让创业者在辛苦工作之余享受片刻的放松；或者一有头疼脑热随时来健康诊所寻医问药。

此外，空间设计在时间上也有所考量，比如下午 6 点前和 6 点后的功能场景变化。如何让一个办公空间在一天的工作结束后，变身为一个生活场景？最近入驻优客工场的一家“吃喝品牌及自媒体”企业“企鹅团”，为如何把众创空间变成企业客户的交易撮合平台带来了新的启发，这将会是指导未来优客工场空间设计的另一个方向。

B. 空间为创造的效率而生

让创新回归它原来的样子：无微不至的服务让工作从此变得“无拘无束”，创业者可以专注于创新与发展。

优客工场的空间设计目标就是，高效解决创业者的创业需求，解决企业创业过程中的后顾之忧。

- 从桌子开始，为了让使用者感觉舒适，桌面长度特意比标准桌面略长。同时设计了不同高度的桌子来实现“站立式办公”，满足团队的灵活需求。未来优客工场还将赋予桌面“互联网”平台的作用，甚至和入驻企业客户共同研发 VR 虚拟桌面。这样，人们也许不必离开桌子，就可以实现从会议到订餐等各种工作需求和信息传递。

- 高效的交流空间。社区内设计了各种类型的会议空间和讨论空间，以满足大小团队的各种会议交流需求。设计上将这些功能分别设置在不同的空间，任何一个可以停留的公共区域都可以交流和讨论，任何一个充满情趣的角落都备有白板。除了必要的隐私空间外，社区空间鼓励大家随时随地交流。
- 社区内不同区域集中配置的办公设备资源，满足了企业客户的日常办公需求，大大降低了企业创业的成本投入。集中的前台服务中心，也为企业客户提供接待、快递发送及其他预约服务，大大提高了企业客户的工作效率。

C. 空间是平台

优客工场是提供创业服务的平台，空间为“内容”服务，反映在物理空间的设计上也是如此。众创空间的设计就是为了搭建各种平台而做的具象工作。比如，“撮合交易”的空间设计是通过设计产品展示空间，塑造企业间的交流环境，才可能与优客工场的服务相匹配。

场景 1：优客工场有一处标志空间——山丘剧场（The Hill）。这里不仅是上下空间的交通链接，同时因为频繁举办各式各样的讲座、发布会和访谈等活动，成为优客工场的标志。它是社区内企业之间的沟通平台和信息获取及发布平台。

场景 2：展示空间的设计是将“艺术”贯穿于优客工场，一方面“艺术”有利于优客工场品牌的提升，同时也将工场倡导的“生活之美”展示给大家；另一方面，优客工场认为每一个企业客户的产品都是艺术品，同时企业客户也非常需要自身产品的展示平台。设计伊始，优客工场就考虑将优势资源链接平台与社区内的物理展示平台相结合，尽最大可能为入驻企业服务。

场景 3：联合办公的形式同时带来了空间功能多样化的需求，咖啡厅可以开会，办公桌旁边可能就是游戏机，而餐厅又可能是工位。办公空间被重新定义，优客工场的空间设计也在探索中不断优化。

综上所述，优客工场进行场景化设计的价值并非只在于空间的美丑，更在于空间内所发生的内容，以及为实现内容而搭建的各种平台，从企业客户的角度出发，去思考入驻企业真正的需求。

2. 众创空间的运营模式

The Operation Pattern of GIS

在“大众创业、万众创新”的热潮之下，市场上出现了大量新生力量并涌入众创空间。众望之下，众创空间的专业性将更加重要。经过一年多蓬勃且野蛮的生长，全国出现了 6 000 多家众创空间。数量的迅速扩张、形式的多种多样带来了大量运营问题，众创空间自身的生存也面临着挑战。虽然所有的众创空间都主张“核心价值不在于提供办公场地，而在于提供辅助创业创新的服务”；但作为服务导向的空间载体，办公场所是一个不可回避的问题，也是所有众创空间成本的重中之重。

那么，什么样的空间、空间规模、空间组合、空间设计，才能最有效地运营众创空间？有没有标准答案？

由于城市环境、创业氛围、空间位置、内部布局的不同,众创空间的上述问题很难有标准答案,但肯定有参考答案。

空间必须与定位相适应，可以将其分为孵化器类众创空间和共享办公类众创空间。

A. 孵化器类众创空间

这类空间是组织创客聚会，并碰撞出创业火花，从而实现创业从 0 到 1、从无到有的地方。这类众创空间更有商务氛围，不是以面积取胜，而是首选便利的地理位置。比较典型的就是北京中关村创业大街上的各家咖啡厅（以“3W 咖啡”和“车库咖啡”出名）、深圳的柴火空间等。

3W 咖啡是于 2011 年通过众筹模式，由一群热爱互联网、致力于行业交流、酷爱咖啡和红酒的互联网资深人士投资创立的互联网主题馆，以咖啡厅为载体，瞄准互联网公司和人群，从而不断扩大社交圈，涵盖咖啡、传媒、孵化器，而后又衍生出猎头和在线招聘。

由于要举办大量线下交流活动，3W 咖啡主要选址高新科技产业、互联网产业集聚的重点科技园区，旗舰店面积为 1 200 平方米，分店面积约 200~600 平方米。位于北京市海淀区的 3W 咖啡馆在初期全部是咖啡空间和会议室，近期在咖啡空间之外，重新规划了约 500 平方米办公空间、100 个开放式办公工位，并以时租的模式对外开放。

这种孵化器类众创空间的面积都不会超过 1 500 平方米，在空间组合和空间设计上，以简约、时尚、情怀为主要方向。它的主要服务对象是极早期的创客，这些人一般都处于具有创业梦想、碰撞创业方向、寻找创业伙伴或者初期产品试错的阶段。在营收上，以客户的餐饮消费和部分租赁费用为主。在运营上，会给创客们更多自由去组织小型活动,提供创业辅导,连接天使投资。

这种孵化器类众创空间还包括政府设立的各种孵化器，空间面积基本也在 1 500 平方米以下，只提供基本的办公桌椅和网络，相对的市场化服务也较少；但是这类空间对创业团队免费，不过需要经过相关部门的入驻审核。由于这类众创空间是免费服务于创业企业，所以在服务上比较简单，而且对入驻企业有一定的时间限制，一般是 3~12 个月必须毕业，离开孵化器。对于这类众创空间，空间的使用和利用就是最初阶段的。

B. 共享办公类众创空间

这类空间是共享经济在创业创新上的体现，同时也是创业者从对拥有权的关注逐步变为对使用权关注下的产物。

这类空间为创业企业提供便利、低成本的办公场所，以及全方位的企业服务，包括人力资源、法律咨询、财务支持、推广活动、高价值潜在合作伙伴引荐等服务；同时还提供融资服务、品牌推广服务、政府资源对接等服务；部分共享办公类众创空间还成立了投资基金助力创客，为创业企业提供从 1 到 100、从 100 到 10 000、从有到大、从有到强的阶段服务。

这类众创空间不仅要有商务氛围，还要有规模面积来保证共享的可能。比较典型的就是优客工场、洪泰空间。

在共享办公类众创空间中，还分为全业态的共享众创空间和专业类的共享众创空间。

对于全业态的共享众创空间而言，一般面积都在 3 000 平方米以上，相对合理的面积是在 5 000~8 000 平方米。在这个面积段的空间中，一般能容纳 800~1 200 位创客、70~100 家创业企业。这样一个规模，基本上是一个生态圈，入驻企业不仅能享受众创空间提供的各项服务，更重要的是，能够获得入驻在同一家众创空间里其他企业发展过程中的正向促动力，而这种正向促动力能从士气、市场、成本等各方面给企业发展带来帮助。

阿里研究院曾对外表示，未来三年，企业的组织形态将发生变化，“数据时代将是一个以小微企业和个人为基本主体的经济时代”，这将成为新时代中全新的社会和组织景观。

对于全业态的共享众创空间而言，入驻企业可以是小微企业，可以是大公司的研发部门、营销部门、驻当地办事处，也可以是服务商的分支机构，更可以是一个提供独立产品的个人。但不管是哪一类，都是企业组织形态的一种，都会有很强的自我发展和协同发展的需求。

3. 众创空间的服务体系标准及升级

The Standard and Upgrade of the Service System of GIS

A. 中小微企业发展现状

中小微企业是指在经营规模上较小的企业，雇用人数与营业额皆不大。中小微企业已成为我国经济的生力军，在国民经济中处于重要地位，在农村经济中处于主体位置。

随着市场的细分，越来越多的差异化需求都会在一个合适的时间、合适的价格下被满足。而这些不同需求，一定是由在各自细分领域不断深入的中小微企业所提供的。截至 2015 年底，我国实有各类市场主体 7 746.9 万户，其中 96% 属于中小微企业。2015 年全国新登记注册企业 443.9 万户，比 2014 年增长 21.6%。

目前中小微企业完成了我国 65% 的发明专利和 80% 以上的新产品开发。一批中小微企业已经开始转型，从以加工为主导变为现在的以高新技术为主导。一部分中小微企业还形成了产业群。

B. 企业服务业发展情况

（A）整体服务业现状

当今世界经济的竞争，更多的是来自第三产业服务业的竞争。2015 年，我国服务业增加值占 GDP 比重的 50.5%，首次超过一半，服务业增速为 8.3%，快于工业（规模以上）增加值 2.2 个百分点（见图 1）。

同时，服务业的就业人口已经占领高位，增长速度加快（见图 2）。

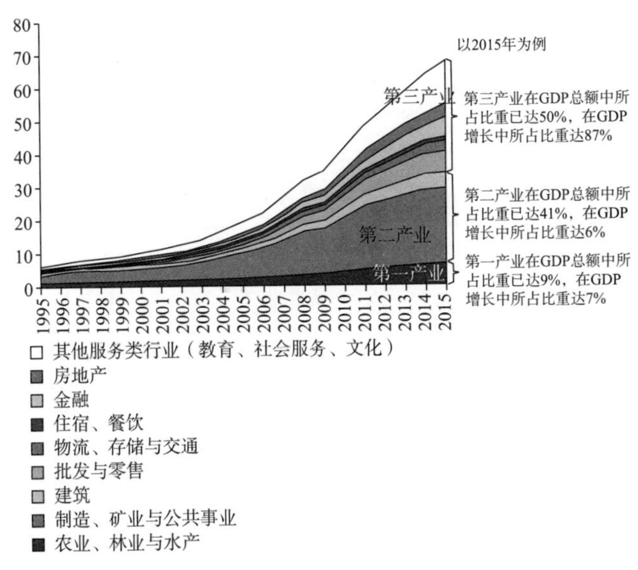

注：中国服务业在 GDP 总额中所占比重已达 50%，在 GDP 增长中所占比重达 87%

图 1　1995—2015 年中国各行业对 GDP 的贡献分布

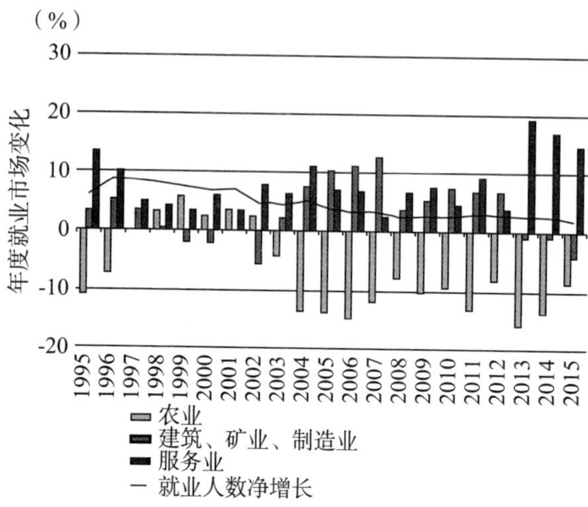

注：中国服务业就业增长速度加快，抵消了建筑业、制造业、农业就业岗位的损失

图 2　1995—2015 年按行业部门划分的中国年度就业市场变化

（B）企业服务业

中小企业的发展，带来了配套服务的强大需求池。从基础的工商财税代理到深度定制企业资源计划，再到非常专业的财务咨询，越来越多的公司、团体加入这个领域。

如图 3 所示，从 2013 年开始，每年新获融资的企业服务平台成倍增长。预计到 2018 年左右，该领域会有“独角兽”企业诞生，但目前尚未出现专门针对众创空间、为各类园区及办公楼宇提供服务的平台。

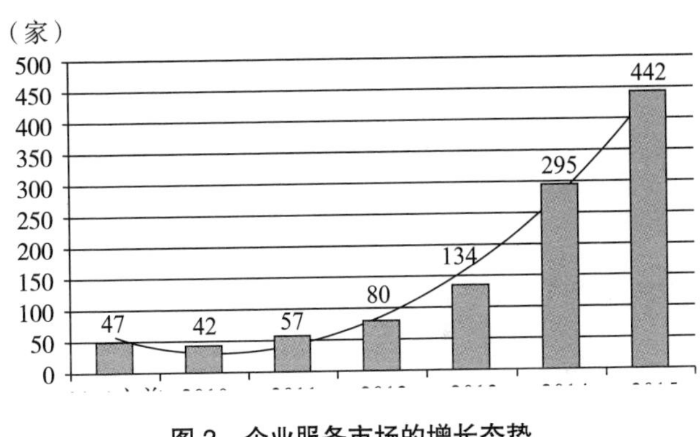

图 3　企业服务市场的增长态势

C. 企业服务市场痛点

企业服务是一个传统的市场，普遍存在服务商零散、单体小、不专业、不标准的问题，长期没有大的改善和革新。这些小微服务商的“生活”都很安逸，客源都是靠“公司咨询人员”从外面带来客户或熟人介绍；经营模式比较固定，规模小、利润低，不寻求业务的完善和行业的升级，处于一种相对混乱、整体水平低下的局面。

随着“互联网 +”的介入，未来这个万亿级的市场将会诞生出千亿级的企业。但该行业目前存在如下痛点：

- 服务信息搜索鉴权效率低下，通过搜索引擎或者熟人介绍是现在的主流渠道。
- 服务收费陷阱重重，业务转包，服务信息流程极度不透明。
- 标准化服务价格敏感，如云服务、办公设备等。
- 缺乏第三方认证机构对重决策服务的信用背书。

D. 企业服务平台的搭建

企业服务平台主要是按照开放性和资源共享

性原则，依靠互联网、移动互联网、云计算等信息技术手段，为区域和行业中小企业提供信息查询、法规标准、质量检测、管理咨询、创业辅导、市场开拓、人员培训、技术创新、设备共享等服务的载体，是中小企业服务体系有效运行的依托。企业服务平台一般由中小企业服务机构、中介或代理服务组织及相关企业等组成。

企业服务平台的完善，可以逐步解决中小企业发展中的共性需求，在提升经营管理能力、促进发展质量、畅通信息渠道、加强市场推广、增加企业融资通道、扩大品牌知名度以及推动创新发展等发面发挥着重要支撑作用。

一方面通过筛选、征信、汇聚优质的服务商，另一方面通过互联网平台将企业用户和企业服务商连接起来，让他们能在平台上完成线上交易，不仅可以实现信息、折扣的实时更新，更能通过平台的缓冲，保障服务质量，使“互联网 +”的服务平台名副其实。

平台双方完成交易后，企业用户会对企业服务商做出真实的评价，这一评价体系也是筛选、征信企业服务的重要参考指标。

最重要的服务保障是建立第三方资金托管，只有在企业用户接受并享受完服务后，第三方才会将款项打给服务商。在服务质量方面，服务能够标准化的要逐渐将其标准化；服务不能标准化的要逐渐将其流程标准化，拆解并把控每一道服务质量。

E. 平台发展规划

第一步，需建立信用背书与信息流：

- 服务商经过审核认证后，方能发布服务信息（赋予服务商信用背书)。

- 用户按条件查找所需服务资源(降低用户搜索、筛选成本)。
- 服务商与用户对接。
- 交易完成后相互评价，加强信用背书。

第二步，转化信息流为交易流：

- 建立平台服务交易，完善保障体系。
- 标准化团购服务，针对标准产品，降低成本。
- 种子用户推广服务，帮助中小企业进行线上 + 线下推广。

F. 短期、中期、长期目标

- 短期目标(3~6 个月): 依托特定众创空间，完成入驻众创空间的初创企业服务商的汇集，建立线下空间类资源；并围绕“双创”产业链，针对小微企业创业发展的刚性服务需求，建立服务体系；逐步培养供需双方通过平台交易的习惯。
- 中期目标(6~18 个月): 遴选出能提供优质企业服务产品的中型服务提供商，进行深度合作，并在全国范围内逐步建立企业服务机构的诚信体系。

- 长期目标（18~36个月）：与服务提供商中的“独角兽”建立战略合作关系，帮助国内的优秀企业服务商走向国际，同时将国际上的企业服务商引入中国；在建立全国性诚信系统的基础上，众多中小企业将能够实现更简单的运营、更高效的管理、更快速的发展。

4. 从众创空间到空间生态

From GIS to Ecosystem

A. 从衍生服务到衍生业务平台

众创空间具有资源、技术与知识的选择性、开放性和共享性。所以除了提供创新创业所需的分享与创造空间，优秀的众创空间还应构建一种融创业培训、投融资对接、工商注册、法律财务、品牌传播等于一体的全方位创业服务生态体系。这种众创空间不但可以用于社会个体进行创新创意创业孵化，也可以用于高校及科研机构的创新创业教育和实践体验。

这些服务项目发展到一定阶段后，随着业务积累,进而逐步独立发展成为若干个衍生业务平台，实现各自独立商业化运营及多元利润增长。与此同时，众创空间亦可战略布局创新企业，通过赋能加速实现价值指数型增长。

B. 衍生业务平台范例

（A）商学院平台

目前有四类较为成熟的业务：

- 创业沙龙：主要配合公开课进行，针对企业案例深入交流，可获得创业导师一对一指导。
- 创业指导老师：主要是基于创业过程中不同发展阶段最关注的问题，设置一系列分享课程。
- 同学会：学员之间的交流平台，通过户外拓展活动为创业者提供轻松优质的互动圈子，开放资源合作，创建亲密同学会。
- EMBA：主要通过案例教学，邀请一些经验丰富的创始人、联合创始人作为授课导师，与其他创业企业、投资人组成导师团。

未来，商学院平台将作为众创空间生态圈的主要组成部分，为创业者及其企业提供从单项类到模块式以及综合性的各类创业管理实践课程。同时，也会将国外最先进的创业创新知识引入中国，服务国内的广大创业者。此外，商学院平台还将作为国外优秀科技成果转化平台，为项目在国内的落地转化提供便利。

例如，优客工场商学院平台幂次方学院发起的“优创享”系列公开课和“UShare”创业沙龙、“优享汇”拓展等一系列日常活动，已经成为广大创业者的高度共享交流平台。

（B）FA 平台

Finance Advisor，即理财顾问，简单来说就是按照顾客的需求，为其日常经营管理、财务管理和对外资本运作等经济活动进行财务策划和方案设计等。联合办公和孵化器的概念不同，盈利模式并不依赖于投资孵化。就孵化器而言，要有极强的基金管理能力和寻找好项目的能力，投后服务也要很强，因此考验的是经营者对产业链的理解。众创空间通过联合办公大平台效应，积聚了大批优质并具有创新原动力的企业，在业界熟知的投融资直通车、DemoDay等对接创业企业和资本活动的基础上，融入FA的专业化培育和加速服务，将使得众创空间内创新生态的土壤更加肥沃，优秀的企业得以加速成长。

众创空间平台主要关注和投资那些对众创空间自身生态形成及发展有益的重要项目。在选定项目之后，FA平台通过设立私募股权基金，投资场内外有成长价值和发展前景的重要项目。与此同时，投资直通车不断吸收不同背景、阶段、投资方向的国内外投资人，普惠于优客工场的场内所有项目和部分场外优质项目，定期举办投资人见面会和路演，为项目和投资人的对接提供最广泛的条件，并为众创空间本身提供优质项目资源。至此，从优秀项目被发现，到项目成长加速，再到项目最终接受市场检验，优客工场投资系统终成闭环。

以优客工场的FA平台优博恒深为例。据了解，优博恒深集聚了国内顶尖的财务管理、法务管理、投融资管理、风险管理和基金管理的精英团队，可向场内外企业提供包括私募股权融资服务、新三板上市服务以及并购重组服务等高端定制服务。从项目获得投资人关注、协助双方建立联系开始，优博恒深将提供包括规划发展战略、商业模式优化、商业计划书撰写、估值建议、接触潜在投资人、安排路演、协助商务谈判等一系列服务。项目具备上市条件后，将协助服务对象筛选承销商、聘请法律和审计顾问、审阅估值模型、协助尽职调查、审阅募集说明、陪同路演等。在投资交易成功之后，将与传媒公司共同为项目和投资人进行全方位的宣传包装服务。

（C）传媒平台

众创空间生态内的传播平台，主要是指创业创新领域的媒体平台以及品牌传播服务平台。这种平台通过文字、视频、直播等多种媒体报道形式，把创业者的故事讲述得更有趣生动；同时对接专业领域的资深从业者与机构、媒体，利用知识盈余与实践盈余为“双创”企业提供传播解决方案与项目实施计划；构建创业者与投资人、用户之间高效的沟通渠道和分享渠道，从而树立并强化创业者及创业企业品牌。

不过目前市场上创业公司有能力购买的收费服务，只是他们需求的表象，并不能为他们的核心竞争力加分。因为资源有限，加之市场的机会窗很短，他们需要的是大公司都不具备的品牌传播上的创新。初创企业、小微企业和它们的公众号虽然不像传真机一样完全倚赖其他企业与公众号生存，但在市场推广活动铺天盖地的今天，一个公众号所在的网络及所能吸引的社群，与它本身生产的内容几乎一样重要。围绕创业企业与小微企业的特殊性，众创空间传媒平台构建出了一套完整的营销传播服务模式和商业模型,满足创业公司的品牌传播需求。该平台将寻找行业内最精英的策略、创意、撰稿、文案、设计、媒介，拆解创业公司的需求，实现两者之间的完美对接。未来，传媒平台也将立足于众创空间的大平台，建立自媒体联盟，把有推广需求的会员集合在一起，共享资源；把值得推广的信息推送出去，扩大影响，形成创业企业与小微企业以自我推广为目的的共同体。让每个会员获得众筹的力量，用更轻松的方式被目标受众知晓。

以优客工场的传媒平台北京优客里邻传播顾问有限公司（以下简称“里邻传播”）为例。这是一家专注于创业项目及企业的新型品牌服务平台，面对创业公司品牌从 0 到 1、对传播认知和需求不清晰、同质化严重、预算少、变化大等传播痛点，里邻传播搭建了以“经验资源分享”为基础的传播服务众包及撮合交易平台。与传统公关公司的不同之处在于，里邻传播通过对创业公司在品牌传播需求方面作深入理解和解析后，甄选和匹配了一批资深的品牌公关营销人士和机构作为外部品牌专家，并对接优质营销和媒体资源，为创业企业提供品牌定位梳理、传播策略制定、公关创意营销、传播项目实施等全方位服务。未来该公司将进一步探索面向创业社群、创业孵化及联合办公平台增值服务、创投机构投后服务等多形态和多渠道的品牌传播服务模式。

C. 生态价值及意义

与美国、以色列、英国、法国等创新能力较强的国家相比，我国以众创空间为依托的创业服务的形态和数量成长速度并不逊色，产业生态系统渐趋成熟。比如，北京中关村成立的“创业服务生态系统促进会”就是从创业服务 1.0 版向 2.0 版进化。分析国内外实践经验，大量中小企业的快速成长，除了政策扶持外，同样需要立体多元的发展服务环境与生态系统。正基于此，众创空间必须打造创业生态全链条服务，为企业提供全要素加速服务。这也是从众创空间到空间生态的意义所在。

5. 构筑众创空间的企业生态系统

Building a Corporate Ecosystem of GIS

大多数众创空间主要以装修、配饰来吸引创业项目，无法形成企业间共享的生态圈。如何规划才能形成具有生命力的业态组合？

以优客工场阳光 100 社区为例。优客工场阳光 100 社区位于北京朝阳区东四环的华贸商圈内，面积约 9 000 平方米。由于该区域内的商务氛围、文化气息浓厚，互联网企业、金融企业也云集该区域，所以优客工场将此区域定位为全业态、全周期的众创空间。

为了让平行世界里的人，能够相互遇见，优客工场阳光 100 社区在开始阶段就确定了入驻企业的类型，尤其以吸引体育、文化传媒、互联网、时尚科技、金融等行业为主。经过半年多的实践，基本形成了非常丰富的社区企业系统。

体育产业方面

- “悦跑圈”为广大的跑步爱好者提供了一个专业化的互联网平台。其专业性不仅能让跑步爱好者更好地进行交流，还体现在它可以提供一系列跑步装备。
- “跑哪儿”是一家专注于“互联网＋跑步赛事＋旅游体验”的新兴互联网公司，其商业模式为“以跑步赛事为入口、以社群创造价值、以全生态赢利”，借助互联网，将跑步赛事和旅游等多项服务进行多重跨界融合，并根据跑者生命周期和跑步体验的程度，为客户提供不同的产品和服务，由此建立强黏性社群。
- “铁人”胡春煦创立的“全球铁三”，正在打造以铁人三项运动为核心的系列产品服务，包括：游骑跑人群线上线下培训、铁三咨询社交平台、国内赛事推广与代理、海外铁三参赛旅游、铁三运动员运动装备商城等。

文化传媒方面

- 吸引财新传媒体系下的生活方式品牌“雅趣”入驻，该品牌以中性轻奢类的生活产品和方式为内容导向，向客户群体提供生活内容和落地指引。
- “思清音乐”是一家专注于音乐艺术垂直领域的移动互联网科技公司。由国际著名小提琴演奏家吕思清创办，从事包括音乐教育、才艺展示等相关互联网产品的研发（APP、智能硬件、VR/AR 等），以及数字音乐内容的制作与传播。由国内外众多顶级音乐及教育大师组成的核心专家团队，通过 machine learning 等前沿技术，帮助中国 4 000 万乃至全球 1 亿名琴童在有趣的学习氛围下主动练习，提高音乐学习的效率和成绩。同时该公司也创立了一个以移动互联网视频为载体的全球音乐文化社区，为所有音乐爱好者提供才艺欣赏、分享互动和自我展示的平台。借助此平台，不断发掘有潜力的音乐天才，为其提供成才道路上的所有帮助。
- “许飞吉他私塾”用专业的方法将兴趣转换成才华，用笃定的耐力将浮躁的热情转变成持之以恒的能力。音乐让优客工场阳光 100 社区充满了动感。

- 网络才女庄雅婷的创新业态“文艺 + 萌”也入驻优客工场阳光 100 社区进行试验。

互联网产业方面

- “轻客”，一个研究城市智慧出行工具的公司。从事出行领域的软硬件产品设计、系统研发，例如云马电单车等产品。由汽车设计师陈腾蛟发起创立，研发团队由清华汽车工程博士杜磊领衔。轻客智慧电单车装备 VeloUP!™ 智慧动力系统，搭载汽车级芯片及控制技术，能读懂用户骑行意图，判断路况及骑行状态，为用户实时提供所需动力。

医疗行业方面

- “优和维尔”是整合高端医师资源、医疗技术、服务和环境，提供私人医疗服务、健康管理的机构，为入驻优客工场的企业提供健康咨询、医疗服务、肩颈治疗、心理咨询等服务。

金融行业方面

- 优客工场阳光 100 社区还打造了一个金融区，不仅有“诺亚财富”进驻，更有量化交易平台进驻。

同时社区还与中信银行进行战略合作，与民生银行合作为中小企业提供贷款，帮助客户解决银行方面的问题，做到足不出户办理业务。

公益类企业

- “黑土麦田”的创始人秦玥飞毕业于耶鲁大学，回国后只身前往湖南农村最基层任职“村官”，并获得 2013 年 CCTV“最美村官”称号。创业之初进驻优客工场阳光 100 社区，目前致力于培育杰出的乡村创客，为中国农村创造可持续的发展。

以上产业布局是优客工场阳光 100 社区的确定性规划布局，在布局的同时，发现会有部分“失控”的创业企业加入进来，使社区的生态环境更加自然，更具生命力！

- “蜜斯蜜糖”借助明星效应，打造中国首家全天候闺蜜主题餐厅。不仅有诱人的甜品，还为新新女性举办不同主题的多元化活动。
- “醉鹅娘”以红酒品鉴为途径，营造更优质的生活方式。

- “80 秒生活方程式”时尚文创生活品牌，提供高品质咖啡及创新啡啤饮料。
- “自我主张”提供服装定制服务。

然而如果在不同的业态分布中，企业之间没有互动，就不能称作生态圈。在优客工场阳光 100 社区，企业之间的交流、往来、合作已然成为常态。比如，“自我主张”为“跑哪儿”定制独一无二的团服，“悦跑圈”与“许飞吉他私塾”合作的“艺人跑”，还有“云马”为“财新雅趣”提供助力自行车活动，“优悦科技”为“秘境”设计公司标识等。

社区内的商务中心除基础的打印、复印、装订、印刷等传统业务外，针对优客工场阳光 100 社区内的企业特性，推出了一系列具有特色且受企业欢迎的业务种类，包括 PPT 设计制作、H5 页面制作推广、BP 设计等。最有特点的是商务秘书服务，包括为企业日常代收快递、打印整理文件、进行行政采购；还能根据客户的需求，陪同参加商务谈判等活动，并进行之后的会议记录等文案工作。

此外，无人超市不仅解决了优客工场阳光100社区内人们的零散商品需求，更是充分体现出了共享经济下良好诚信的社区氛围，同时也体现了共享经济模式下资源的充分利用。

目前，全业态共享众创空间的产业分布情况，如表5所示。

表5　全业态共享众创空间产业分布汇总

产业类型	物理空间（平方米）	主要功能	自发功能
社交咖啡厅	200~300	会议、约客	培训、交友
体育产业	1 500~1 800	办公、展示	拍摄、直播、电商
传媒文化产业	2 000~1 800	办公	拍摄、直播
互联网产业	1 500~1 800	办公	O2O

续前表

产业类型	物理空间（平方米）	主要功能	自发功能
金融产业	800~1 000	办公、后台支持	交易、聚会
人力资源公司	200~300	办公	交易
医疗公司	50	配套	入口
其他配套	1 200		
延伸行业	1 000		

创新工场目前在国内设有两个办公室，分别在北京中关村和上海五角场，各自拥有约 7 000 平方米和 8 000 平方米的办公空间。北京办公室选址中关村主要是因为该区域产业集中、资源集中、高校集中、人才集中、项目集中；上海办公室选址是与当地政府合作的结果，入驻杨浦区中国（上海）创业者公共实训基地，创新工厂利用自身品牌效应和号召力，带动、提升了片区的创业氛围、人才集聚和产业升级。

任何众创空间都是有进有出的，全业态的共享办公类众创空间服务于创业企业从 1 到 100、从 100 到 10 000 的阶段。对于完成了 B 轮融资的创业企业，由于资金的实力增加，相对资源获取容易，对办公形象要求较高，一般都会将总部从共享办公类众创空间搬出，进入高档写字楼，成为从众创空间中毕业的优秀企业。

对于全业态的共享办公类众创空间而言，如果面积过小，低于 2 000 平方米，就很难形成共享的氛围。同时对服务提供商而言，也会面临着入驻企业较少，不经济，从而无法保证长期持续服务的效果；对入驻的企业而言，也会由于共同点较少，相互无法借力，无法达到共享的结果。

而对于专业类共享众创空间，空间面积可以小一点，基本在 2 000~3 000 平方米，但最关键的是要针对特定行业提供专业性的配套服务，比如洪泰硬件众创空间和优客工场炫嘉文创众创空间。

优客工场炫嘉文创众创空间是针对文创行业量身打造的专业类共享众创空间，项目建筑面积3 540平方米。在一层区域有两层高的挑高及旋转楼梯；在最里侧，有一间240平方米的大型演播间，配有专业的灯光、升降舞台等，可举办中小型演出、歌友会、记者招待会、新闻发布会等；同时配有完全隔音设施的MSS说话式唱法的训练室及4个小型直播间，也为音乐和直播提供了平台；针对文创创业人员的特点，在一层还设置了ZIZI纹身工作室。

在二层专门有两间拥有国内顶尖设备的录音室，可以供一流的音乐制作团队使用。七层的排练厅只有 26.5 平方米，可以提供私密的剧团排练、形体训练、小型公开课。

在 3 540 平方米的空间中，有 1 500 多平方米的专业配套，可供 21 家音乐、动漫、节目制作、直播等不同领域的公司共享文创空间。

目前共享办公类众创空间逐渐出现了规模化布局，正如 WeWork 的发展模式，目前优客工场、洪泰空间、SOHO 3Q 都在做全国式布局。在全国需要有多少个众创空间才能形成规模优势，将会是下一阶段需要解决的问题。

不过，不论什么样的众创空间，都在为中国的创业创新做着自己的努力，为创业者提供创业的土壤。随着众创空间逐步标准化、规模化，众创空间能给创业者带来更多的帮助，给中国带来更强烈的创业浪潮！

6. 如何给中小微企业装上加速器

Accelerating the Development of Medium, Small and Micro Sized Enterprises

众创空间的核心就是帮助创业企业发展，不仅仅是它们的孵化器，也要成为加速器。

优客工场和洪泰 AA 加速器推出了“帮助中小微企业发展的加速模式”。具体方式是：通过初步筛选——深度筛选——导师参与——获取融资四大步骤，让中小微企业理顺商业模式，加强产品能力，拓展市场资源，获取产业资金，从而达到加速的目的（见图 4）。

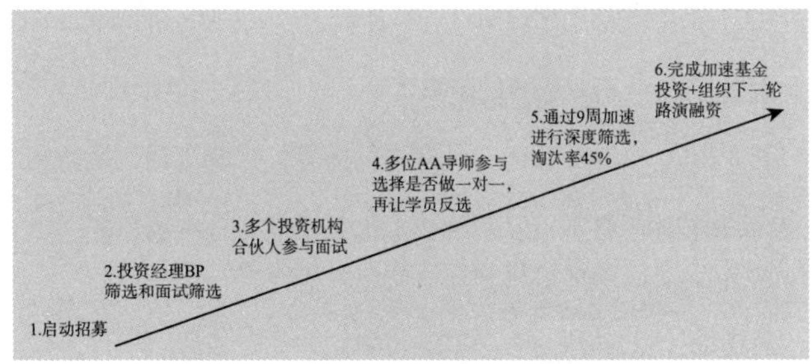

图 4　中小微企业加速的六步法则

经过六步法则，预计从参与报名加速的企业200多家，到完成最终加速的将只剩下3~5家。整个过程中，采用“赛马而不相马，企业与导师互选对碰，每阶段复盘提升，用数据量化结果，不同企业社群互享”的原则，实现9周加速的目标。

在初步筛选和深度筛选的过程中，审核内容主要包括两个方面，即赛道和赛手（见表6、表7）。

表6　赛道的筛选及加速标准

赛道（正确的事）	
用户需求	切中用户痛点，符合未来主流发展，能改变未来
市场潜力	有足够大的未来市场，用户数量能呈指数级上升
商业模式	业务明确，具有先发优势，并能实现长期盈利
产品和技术	有不可复制的技术优势（最好有专利保护），能提供难以替代的差异化服务
营销推广	已初步实现市场化运作，并有长期的可行性

表 7　　赛手的筛选及加速标准

赛手（正确的人）	
真实动力	创始人有非常清晰的创业动机，有改变现状的热情
个人背景	有创业经验（尤其是创业成功的经验）
企业家精神	创始人有领导力、行动力，对行业的分析透彻
团队组成	有良好的团队互补性和民主的生态

通过对上述两个方面进行筛选和加速，再加上与有创业成功经验的导师进行互动，有潜力的企业将在两个多月的时间走完两年以上的发展过程，真正实现对企业的加速。

目前很多众创空间主要是在装修、装饰层面下功夫，旨在给入驻企业提供很好的硬件服务。优客工场经过近一年的运营发现，入驻企业最需要的是智能化的管理和服务。举例来说，目前的办公环境，一个重要的方面是网络。我国的企业网络费用并不低，多数众创空间很难享受到“宽带接入费用”

补助，这就造成了众创空间智能化管理的瓶颈。此外，众创空间发展虽快，但时间比较短，可提供全程智能化管理的硬件、软件供应商还很少。

优客工场通过运营摸索，已经建立了初步的智能化管理体系，让入驻企业实现互联网化的办公，包括手机 APP 办理预约来访、办理入驻、订会议室；同时还可以使用全球通用的视频电话来进行跨区域交流。

7. 将大数据思维接入众创空间

Connecting Big Data and GIS

目前，绝大多数众创空间的信息化、数字化程度低，难以满足创业企业的数字化运营需求，由于对服务或孵化企业的数据化能力不够，因此也难以做到提前预警。

众创空间的大数据应用，理应与建设同步进行。

A. 数字化运营众创空间的必要性

（A）实现轻资产转型的新出路

众创空间过重的资产难以实现规模扩张，也难以获得资本市场的青睐。一些具有战略眼光并能洞见未来资本走向的企业都在积极“去重资产化”。例如，万达集团已发布其“轻资产”战略，2016年万达计划开业 50 个万达广场，其中超过 20 个是轻资产。5年以后，万达广场将没有重资产项目，届时将成功转型为一家商业投资服务企业，实现完全轻资产化。支撑万达转型并实现其价值扩张的两个支点是万达的品牌和“慧云”系统。“慧云”是万达数字化运营的基石，是万达这艘巨型航母的核动力。

创客服务企业更应该抓住机遇，加快推进轻资产的转型，创立自有品牌的“云系统”，实现自我企业的数字化、创客空间的数字化以及服务企业的数字化运营，进而推进企业轻资产化、联盟化和平台化的发展。

（B）企业挖掘盈利来源的新模式

创客服务的数字化运营是一个创新课题，目前尚无商业实践案例。但可以肯定，如能探索、建立一种全新的数字化商业模式，必能创造出创客服务企业的利润增长点，开辟一个蓝海市场。例如，商业云服务的鼻祖亚马逊，其模式的演变来源就是基于自身业务发展的需求，搭建内部云平台和孵化云服务能力，逐步演变成为一套完整的解决方案，开放给市场客户使用，成为当今几大互联网巨头收入和利润增长的高地。

数字化运营的核心架构是云平台，创客服务企业应抓住创客企业的核心需求，构建一套完善的云服务平台，形成一个无物理空间约束、无时间限制的虚拟众创空间。即使创业企业因规模扩大离开实体空间，但其线上服务仍然依附在众创空间企业的平台上。同时，向创业公司输出一套完整的数字化场景运营方案，使其新的创业实体空间也处于服务连接之中。

（C）推动创业企业良性发展的新动力

数字化运营可提供区别于其他创客服务企业的服务能力和服务内容，实现传统服务项目的及时化、标准化、可衡量化、低成本的服务能力。通过基于数字化运营的大数据分析、图形化的及时展示，判断企业运营的健康度，实现关键问题的提前预警。通过数据化可以更好地透析企业过往成败的诱因，为后来者提供参考，协助创业企业少走弯路。

未来的企业竞争是二元社会（即实体社会和虚拟社会）的竞争，重心在于虚拟的数字化社会。这是因为市场交易的场所和实现交易的货币，以及大部分交易的内容或产品都是数字化的，因此，创客空间要支撑所服务的创业企业，从现在开始就应重塑数字化运营的理念，重构系统、重整能力，为竞争做好准备。

（D）实现企业跨界组合的新路径

跨界性组合，群落化生存，是企业低成本、高效益、快速化发展的新路径。企业具备数字化运营的基础，可以更好地实现跨界组合，捆绑营销。在所有行业中,电信运营商具有“产品捆绑销售”（即小型的跨界组合）的最佳实践，主要就是来自于企业完善的信息化、数字化和互联网化的系统，具备较强的数字化运营能力。创业企业通过数字化运营，在跨界合作或推广过程中，能快速形成产品跨界组合，响应客户跨界需求，评估跨界运营的价值，优化下次跨界组合的方案。

（E）挖掘“桌子背后价值”最好的锄头

众创空间未来的核心价值应该在于非实体资

产的服务，核心收益和利润也是非实体资产的出租，应该基于数字化运营建立创客服务生态圈。桌子和物理空间只是这个生态圈的“入口”，应尽可能降低入口的门槛。创客服务企业是通过数字化运营所产生的商业运作能力和虚拟的产品服务，以及基于数据的公信力来获取收益。

B. 数字化运营众创空间的可行性

（A）数字化感应能力得以实现

Wifi 网络、各种智能系统、物联网感知设备等能力，使得办公场地的数字化感应能力已经具备条件。

（B）数字化连接能力全面提升

基于移动终端的人与人连接，基于物联网的

人与物、物与物连接，企业信息化系统的人与企业连接，日益便捷，低成本、高效率。

（C）数字化运营能力飞速发展

随着大数据、云平台、企业办公系统移动互联网化，以及客户接触、互动和交易的数字化等的快速发展，企业数字化运营和数据资产的管理成为现实，相应的信息化产品和互联网化服务的价格也在急剧下降。通过自建或合作的方式与行业内优秀企业合作，可为创业企业提供高性价比的数字化运营服务。

总之，基于数字化运营，众创空间的人流、事流、物流、资金流和信息流，可通过全景智慧解决方案实现数字化、合一化管理和运营。

C. 数字化运营的思路和初步方案

（A）数字化运营的目标

通过数字化转化、连接和运营，大数据技术将创业企业、数据平台和众创空间有机结合起来，创业企业则基于平台获取自身所需资源及价值。搭建众创空间大数据生态系统可以更好地促进创业人员的全员社群化，以及创业企业的全景数字化；进而实现即时管理、效益经营、灵活跨界、生态孵化、精准投资、价值变现的目标。

（B）数字化运营的路径

构建数字化运营的体系，建设数字化运营的感知、网络、平台、分析和评估系统；通过全方位数字化服务，进而获取企业的人、财、物、信息等相关数据；动态分析企业发展的轨迹，洞察企业背后的原因，通过数据聚合、模型分析、决策推进、图表展示，实现数字化运营目标。

（C）数字化运营的架构

根据数字化运营的目标和路径，以“二元”场景服务为核心，抓住创业企业线上和线下运营发展所需的关键服务，提供数字化、互联网化、智能化、全景化的支撑手段，目的是尽可能获取企业的数据。将数据作为连接创业场景服务与创业者、创业者与创业企业、创业企业之间、创业企业与外部合作机构、创业企业与投资方的纽带。

（D）数字化应用方面

1) 通过数字化应用与积累搭建企业能力评估综合报告，定期为企业提供：

- 人力资源评估报告；

- 运营健康度评估报告；
- 财务健康度评估报告；
- 综合竞争力评估报告；
- 信用和融资评估报告。

2) 搭建数据资产交换和交易平台、业务跨界组合运营平台、信用评级和融资管理平台。

D. 大数据场景应用及目的

（A）发布区域众创空间创新指数

目的：实时掌控区域新兴产业地区维度和企业维度数据，显示各维度下的新兴产业水平。对区域新兴产业孵化数据进行挖掘、分析、建模等，同时进行区域动态分析，为区域新兴产业孵化扶持提供决策支撑。提升区域科技企业孵化能力，培育战略性新兴产业源头企业，促进国家经济发展方式转型，为建设新型创新型国家奠定基础，提高政府公信力及企业满意度。

功能：主要用于政府评估众创空间的创新能力，培育和扶植高新技术企业，通过为新兴科技型企业提供物理空间和基础设施，降低创业者风险和成本，促进科技型企业成长，同时发掘和培育战略性新兴产业。

（B）区域新兴产业孵化分析决策平台

目的：实现孵化资源的最佳配置和孵化成效的最大化，降低众创空间运行和服务成本，降低创业失败率，减少孵化资源浪费。促进传统产业的技术升级，改变原有的经济增长方式，调整并优化区域经济结构。

功能：通过区域新兴产业孵化分析决策平台，制定众创空间的界定条件、税收减免办法、指标评价体系，拓展孵化功能，提升服务水平，满足部分创业企业的研发需求，促进孵化器事业的健康发展。

（C）提供创新企业存活率指数

目的：解决中小企业的流动性难题，提高中小企业的存活率，保障经济增长与社会稳定；动态跟踪中小企业成长情况，提供就业岗位，缓解就业压力，为各级政府提供政策参考。

功能：根据大数据分析模型，分析中小企业存活情况，及时掌握中小企业成长情况；有效区分不同规模企业间生存环境的水平差异，为中小企业健康持续的发展提供数据支持。

（D）创业企业精准投资分析平台

目的：提供给投资方一个全面而精准的创业

企业的大数据分析平台，用以解决在投资方对目标企业的考察时，可能存在目标企业数据来源单一、数据维度少，以及数据不可靠等问题。

功能：结合大数据分析创业企业的运营现状，同时结合行业数据分析未来市场前景。

8. 众创空间的线上生态圈

The Online Ecosystem of Co-Working Spaces

A. 海外众创空间在线网络平台案例分析

（A）WeWork

WeWork 最早于 2011 年 4 月为纽约市创业人士提供服务。WeWork 的空间选址均在城市核心地段的核心位置。目前，WeWork 已进入美国 10 个城市，以及伦敦、阿姆斯特丹等地，基本上都是科技、教育极度发达的地方。

会员系统

WeWork 的会员有不同的会员体系，包括长租会员和时租会员，不同会员所享受的工位租赁价格、服务范围和服务质量都是不同的。用户可根据自己的需求选择成为长租或者时租会员，而且这种会员身份是可以互相转变的。

社交系统

WeWork 的社交平台注重圈子建设、社区和会员之间的互动，以及社区活动。不过，它的线下活跃度与线上活跃度并不是对等的，并不似 Facebook、Twitter 等社交平台活跃。

预定系统

WeWork 的会员可通过其互联网平台，诸如网站或者 APP 之类，进行预订；社区管理者也会及时收到通知,等候客户的到来。其线上的主动预定、社交功能与线下的活动相结合，开创了联合办公此类功能的先河。

服务系统

WeWork 所有场地只有较少的线下运营管理人

员，主要都是通过在线上设计流程、制定规则来进行社区的服务管理。大部分用户的需求也都是通过线上的 support 等服务功能进行提交，这大大降低了人工成本。

自媒体系统

WeWork 还有线上自媒体及活动平台，通过 Greater magazine 进行社交媒体的传播，以及在 Facebook、Twitter 等平台上建立自己的企业主页进行传播。

实际上，WeWork 推出社交功能后，公司估值从 50 亿美元涨到了 100 亿美元，目前估值已达 190 亿美元。也就是说，从 50 亿美元到 100 亿美元这部分估值的溢价都是由互联网社交平台带来的。

（B）RocketSpace

RocketSpace位于美国旧金山，成立于2011年，目前市值超10亿美元且尚未上市，RocketSpace网站显示已经孵化175家创业公司，包括Uber和Spotify等8家“独角兽”企业，全球合作伙伴拓展至60家。RocketSpace是一家以“空间+活动+生态”为核心的提供全面创业服务的孵化器与加速器，致力于为科技类初创公司提供早期的办公场地、创业咨询以及其他服务。其核心收入来自两个部分，一部分是租金，对创业者收取每个工位每月850~1 050美元的租金，这个定价是美国众创空间一般市价的3倍；第二个部分是收费服务，包括为创业公司、创业者和合作伙伴搭建关系，这项服务的收入和租金收入旗鼓相当，各占50%，而且现在愿意付费的合作伙伴数量正在迅速增长。

加速器尤其注重与大企业进行合作，以及全网生态构建，除了提供线下空间以外，RocketSpace 还提供了丰富的线上服务。在其官网上可以实现预约参观、申请工位、预订会议室和活动空间等基本服务。RocketSpace 还有网上创新平台，该网络平台为企业创新服务提供了一整套解决方案，帮助企业更好地利用高科技启动的生态系统，助力企业发展的每一个阶段。这套方案包括公司会籍计划、产业加速器计划、启动合作伙伴计划、创新实验室计划等。正如 RocketSpace 所称，其不仅提供办公空间，更是设计了一种促进网络社区完善的生态系统，专门帮助科技初创企业茁壮成长。

我国将孵化器、加速器、众创空间等模式统

称为“众创空间”。客观来说，中国当前的众创空间是将美国众创空间商业模式结合中国市场特征“中国化”的成果，然而正如RocketSpace创始人兼CEO Duncan所言，尽管孵化器、加速器等众创空间模式发轫于美国，但是近些年，由于中国经济的大幅发展，他看到越来越多中国优秀的本土孵化器和加速器。

包括众创空间在内的诸多众创空间形态的终极目标是创造一个生态系统，更有效地服务于“众创、众包、众筹、众扶”的创新创业领域，这正是国内以优客工场为代表的一批优秀众创空间努力的方向，通过强大的渠道分发和产品闭环，构建自己的生态圈，此亦“独角兽”与“独角兽”加速器的完美融合。

B. 线上租赁系统＋服务应用建构优客工场网络平台核心

（A）搭建线上租赁系统，加强众创空间线下管理能力、线下运营和线上管理

传统意义上的社区管理是在线下由多人进行人工管理，由于其业务的复杂性，协同效率不是很高，而且不同团队面临的问题纷繁多样，难以及时高效地解决大部分问题；同时，这种管理方式往往需要耗费大量的人力、物力等高价资源，需要很高的现实成本。那么，如何才能实现高效的管理呢？

随着互联网时代的到来，将传统的线下管理与线上互联网平台结合，对每个社区实现线上的统一化、自动化管理显得尤为重要且迫在眉睫，即可以让社区经理以及社区运营人员通过互联网平台及时高效地管理社区内部和入驻其中的企业及员工。

那么，如何与线下结合，建立线上互联网平台，从而对线下进行更高效地管理呢？

以租赁为核心，加强众创空间管理模式，将线下运营与线上管理相结合。

租赁管理

优客工场的线上租赁系统针对不同用户和会员的需求，建立了不同的租赁服务。比如高级用户可以租赁所有的工位、会议室及场地，而普通用户对于临时办公租赁需求更旺盛。优客工场可以满足用户进行跨时段、跨地域、跨社区选择工位、会议室和场地，实现真正的联合办公！

工位。为满足企业、用户快速入驻，将企业、用户信息留存在系统中，并进行实时更新管理，同时通过线上系统的流程化业务，降低线下运营、管理成本，优客工场开发了长租管理系统。优客工场的长租管理系统是酒店式管理模式，客户经过招商之后，首先进行登记入驻，签订协议，并与工位绑定；之后通过长租系统，按照合同协议自动生成首付款、押金等一系列费用。另外，长租系统会每日、每月自动结算金额，对于预定和退租等不同情况还能分门别类进行自动化结算；同时每月会自动催缴下个预结周期需要缴纳租金的企业及个人。这样，通过优客工场的线上长租系统，就实现了一个线下运营与线上管理的完整高效的长租流程。

同时，为了提供更加灵活的工位租赁方式，让更多有联合办公需求、临时办公需求的客户更便捷地进入联合办公环境中，优客工场还提供了针对不同用户的按需租赁系统。此种租赁系统和长租系统相对应，是为了灵活满足用户需求，如将工位按某一天、某一时段进行租赁，而且工位也可以是流动非固定的。

会议室。首先，用户可根据自己的不同需求选择任意日期、任意时段、任意场地、任意会议室进行线上预订。其次，用户选择完成之后，可以用手机直接进行线上支付，完成预订。最后，预订成功后，用户可以在自己的个人账户里查看已预订的会议室,系统会提醒用户已经预订的会议室。另外，非长租用户也可以预订会议室。

场地。通过优客工场线上租赁平台，可以对线下场地实现线上预约。比如当某企业准备举办活动时，可以提前在线上进行预约，并在预约日期之前准备好所需物品和资料。另外，通过对活动场地提前预订，可以提前预演，对参与活动的人员进行线上筛选管理，并在预约日期进行接洽。

社区特色介绍

优客工场的每个社区各有特色，有的处于繁华的市中心，有的处于风景优美的郊区。就北京来说，国贸地区是金融中心，在这里有阳光 100 · 优客工场；FESCO 外企大厦中的外企比较多，在这里有 FESCO 大厦 · 优客工场；中关村地区互联网行业发达，在这里有海龙大厦 · 优客工场，它像中关村区域一样自由开放；上海地区陆家嘴是金融中心，在这里有陆家嘴 · 优客工场，它像陆家嘴区域一样严肃庄重。另外，有的社区，如 XPlus 炫嘉中心 · 优客工场，主要打造人文娱乐主题社区。

实际上，不同地域的企业不同，用户人群不同，由此带来的需求也不同。优客工场线上平台通过展现不同社区特色，以及各种富有本社区特色的前后台、服务人员等，让用户通过线上平台和 APP，足不出户就可以直观地了解每个社区的特色、社区内的各种办公环境、不同社区的管理团队，以及入驻的各种企业等。

另外，线上平台对不同社区、服务商的展示、推荐是不同的，为企业提供的服务也是不一样的。而且，线上平台针对不同社区，为入驻的企业及员工贴上个性化的标签，向其推送的社区内容和资讯活动也是个性化的。

空间的充分利用

优客工场的场地一般都是通过二次改造，将不良土地资产改造为新型众创空间，为创业者提供联合办公环境以及各种服务和支持。实际上，创业企业对办公空间的需求有时不是固定而是实时的。针对这些不同的需求，优客工场开发了线上租赁系统，对空间进行更为有效的租赁：有针对长租需求的长租固定工位，也有针对短租需求的短租流动工位。与此同时，还为会员们提供各种各样的会议室租赁，以上这些都可以在线上进行管理和预定。

另外，在社区内一些相对偏远、较为分散的空间，设置了诸如书吧、按摩椅、无人超市、咖啡吧、餐厅等生活休息区域，满足了社区内的企业人员除办公之外的一些生活需求。而以上所有活动皆可通过线上 APP 完成。比如：

- 书吧内的书可以通过优客工场 APP 扫描条形码之后借阅；
- 按摩椅通过 APP 线上支付 5 元，即可享受半小时按摩服务；
- 无人超市，即无人看管超市，通过 APP 线上支付即可拿走需要的商品；
- 社区内各处摆放的打印机连接着线上服务系统，通过 APP 即可实现打印。

support

入驻优客工场的企业或员工可以通过线上平台，比如网站和手机 APP，随时随地获取各种支持和服务。用户申请的支持和服务，会经由平台及时有效地整理、归纳，分发给各个社区的负责人或者社区运营人员。系统还会对用户需求进行自动化、智能化的分层处理，将固定的、高频的需求优先发送给社区负责人，以便其优先处理。针对不同社区的个性化需求，系统也会自动甄别和处理，并发送给线下运营管理人员，有效减少了线下运营管理所需的时间和人力成本。

对于一些用户的专业化需求，优客工场也为其提供了个性化的 support 服务功能，通过网站和 APP 提交即可。比如人力资源、财税会计、法律政策咨询、品牌宣传推广、投融资对接、IT 支持以及其他

support 支持等。这种 support 不仅可以对接场内企业，还可以对接优客工场平台的服务商。

另外，优客工场的 support 不仅提供基本卫生、电力、网络等服务，还为用户提供了一些额外的增值服务，比如通过线上购买，即可享受 80 秒咖啡送到工位上的服务。

这样，通过互联网平台，就可以及时有效解决客户需求，为用户提供个性化的解决方案。通过在线上制定有规则的分类和支持，也有效地降低了人力成本和运营成本，提升了对线下社区的运营和管理的效率。

访客管理

访客的控制。传统意义上的访客管理，一般都是提前打电话预约，之后到现场进行登记，不仅需要大量的时间，也需要大量的人力资源。而在优客工场线上平台中，当企业或者访客直接在线上预约成功后，线上平台系统会直接告知各社区负责人预约的时间、地点、预约人员以及预约人员所在公司等一系列信息。等到预约日，前台可根据线上系统对访客进行确认，访客即可直接进入社区。

访客的行为。对于访客的预约、访问等一系列行为，会在线上平台产生连续性行为数据；通过对线上平台的数据进行搜集整理，建立大数据平台系统，对数据进行挖掘和分析，就可以发现某些社区、某些行业访客的共性和特性，挖掘访客以及企业的用户需求，为其提供更好的服务。

（B）搭建线上服务交易平台，以增值服务为众创空间未来盈利

优客工场作为众创空间的龙头企业，不仅提

供硬件的联合办公场所，也致力于提供从商业生态构建到企业事务性工作的软性服务，着力搭建线上服务交易平台，这其中包括服务商平台、投融资平台、电商平台、活动平台和媒体服务平台等，从公司注册、行政、融资、招聘、媒体等各个方面全力帮助企业的发展。

服务商平台

在优客工场的线上平台可以获得全品类的商业服务，包括财务、广告、品牌策略、管理咨询、设计、保险、投资、法律服务、市场营销、公共关系、房地产、招聘、移动开发等。每一大类中根据行业属性，又可分为若干小类，每一服务类别中都有若干家服务供应商，点击进入，即可获得供应商的服务介绍及联系方式。最为重要的是，平台中的服务商将为优客工场会员提供专属优惠。

众创空间的入驻企业以小微企业为主，这些企业处于发展初期，公司体量小，在财务、人力、法律、行政等方面资源投入预算少，但这些方面的需求又是企业刚需。这时服务商平台的上线就为这些企业提供了及时的帮助。每家公司都期望得到最好的服务，而优质的服务商往往意味着高成本，单个小微企业往往负担不了。在以往，这些企业只能被迫去寻找次一点的服务，但如今，通过优客工场服务商平台，可以将优客工场内的数百家小微企业打包给服务商，服务商以优惠价格提供服务给这些企业。对于服务商而言，虽然是以较低的单价为这些企业提供服务，但是优客工场 16 个城市、3 000 家企业的市场吸引力是巨大的；对于优客工场的入驻企业而言，更是能实现用最低廉的价格得到最优质的服务。

在优客工场的线上平台中，服务商和企业是可以相互转化的，专注于自身业务发展的入驻企业有可能孵化成为服务商，而服务商也可以成为入驻优客工场社区的企业。同时，通过服务商平台线上申请、审核、业务提交和服务打分，能够建立服务商消费评价体系，这种体系类似于天猫和京东的消费评价体系，有利于对平台服务商质量进行判断，并实现优胜劣汰，使服务商平台得到良性发展。

优客工场服务商平台严格的审核与评价体系，快速反馈、放心交易、保证优质的服务触手可及，高效解决了企业发展所需的各类服务，同时，全国16个重点城市、200多家服务商、3 000多家企业的入驻正在形成企业级服务平台，构建全新商务社区。

投融资平台

投融资环节是联合办公生态圈中比较特别但

又很重要的一个环节，众创空间中的创业企业会对投融资服务有比较强烈的需求。通过联合办公线上投融资平台，可以高效精准地实现投资人与创业者的对接。

优客工场投融资平台可实现企业线上提交商业计划书、投资人线上申请审核、线上 Demo Day 等；因此项目推荐和项目管理能打破物理空间限制，跨时间、跨地域集中服务场内 + 场外用户，拓展市场及投融资渠道，可以帮助需要投融资的企业对接到合适的投资人、投资机构，也为投资人、投资机构找到合适的投资项目。

同时，优客工场投融资平台也使得项目线上迭代更为便捷，便于投资人实现定向关注，提高了平台的撮合率，实现真正的撮合交易。它还能促进生态圈内的企业发展良性循环，将企业发展的相关数据存储下来，为企业数据分析经营提供基础。

电商平台

完善的线上投融资体系使正在寻找创业项目的 VC、寻找客户的服务商与寻找发展资金、服务支持的创业团队产生连接，而这个连接点便是优客工场的电商平台。

优客工场的电商平台是实体商品、虚拟商品、服务等多业务线的线上交易平台，涵盖卖家、产品库、订单流程、退换货服务等一系列环节。平台将为社区内用户提供平台独有的优惠商品，并建有积分商城，让线上会员可以通过网站、客户端享受到优惠的商品交易。优客工场电商平台跟传统的电商平台不同之处在于，将电商平台的 2C、2B 以及 2M 端相连接，因此，平台售卖的商品既有服务，如人力服务、客服服务、云服务等，也有人、时间以及技能。通过线上线下交易相结合，实现 B2C、C2M 等多种模式的变现。

同时，优客工场的电商平台将对客户的交易信息、交易偏好、交易时段信息留存，并对商城卖家建立评价及信用体系。

活动平台

活动平台是优客工场服务的一个重要展现渠道，优客工场的线上网络平台可以实现跨社区的活动发布、活动搜索、活动报名以及活动管理，并能将活动信息分享到微信、微博等社交平台。

通过活动平台可以创建有众创空间背书的特色活动，不仅包括娱乐活动，还可以创建更多有商业价值的，可以为入驻企业、个人提供实质帮助的活动，例如培训、分享、促销等，并帮助社区内企业降低活动推广成本、打造品牌。例如优客工场各社区联合打造的 Beer Day 活动，现在已经成为优客工场的一个品牌系列活动，在全国各个社区每周定期举行，产生了客观的品牌影响力。

同时优客工场活动平台支持报名、购票功能，在以活动主题聚集人气、打通连接的同时，为平台带来了更多用户数据以及交易流。

媒体服务

优客工场服务体系的搭建还包括资讯频道、广告系统、社交媒体等多个环节，为用户提供全方位最有价值的增值服务。

优客工场资讯管理系统可以实现资讯即时发送，使社区入驻企业洞悉业内最新动态，紧盯政府政策发布，把握时代动脉，抓住企业发展良机。同时系统也发布社区消息及企业消息，帮助社区消息传播和企业形象打造。

优客工场还建立了完整的广告系统，平台社区广告可按时按区域投放，投放后台可控制，广告平台也是收入的一部分。对外可以实现广告介入，对内可以实现广告投放。

社交媒体是优客工场媒体服务的重要环节，针对入驻企业和用户的需求，帮助其对接到相应的媒体服务商，提供专业的媒体包装；并且可以利用优客工场网络平台实现媒体传播文章首发，再通过平台的社交转发功能实现迅速传播，增加企业曝光机会。同时，媒体可以在优客工场的平台上实现资源互换，形成媒体联盟，实现多方共赢。

C. 创建联合办公社交平台，挖掘社群潜力，实现共享价值

国外众创空间代表 WeWork 在去年推出社交功能 WeWork Commons 后，公司估值从 50 亿美元涨到了 100 亿美元，目前估值已达到 190 亿美元。可以说，正是 WeWork 互联网社交平台这一不同于其他众创空间的载体，给 WeWork 带来了巨大的社交红利和空间溢价，使其一举成为众创空间的“独角兽”。

WeWork Commons 与 LinkedIn 很像，均是基于“同事圈”的企业社交网络。WeWork Commons 关注更多的是早期创业的商务人士，通过提供空间把创业者聚在一起办公，继而从线下到线上建立起一个创业者社区，这是 WeWork 的核心竞争力。办公空间在不同国家和地区不断扩展，线上平台创业者数量逐渐增加，形成了规模大、活跃度高的社区，这是 WeWork 在同业中最大的竞争壁垒。我们必须认识到，WeWork 强大的社交优势是依赖于美国宽松自由的创业创新环境和派对传统，而我国有着与其不同的创业氛围、政策环境以及人才机制，所以在搭建我国的众创空间社交平台时，必须在借鉴西方优秀经验的同时，结合国内现实，打造真正属于我国创业者的联合办公社交平台。

优客工场线上社交平台的目的是将国内社会独有的社交壁垒通过线上社交的方式打破，打通众创空间内的找人、找企业通道，促进渠道共享、内容共享、产品共享、信息共享、人力共享等，实现内部资源的重构及再调配。在提升业务活跃度的同时，充分发挥众创空间的优势，有效支撑企业、个人用户解决实际问题。

社交标签促成撮合交易

优客工场线上社交平台对会员开放，社交平台中有诸多标签，例如个人标签、企业标签、场地标签、活动标签、服务标签等。企业可以利用会员标签筛选会员专业技能，通过“私信”联系感兴趣的会员，将他们的技能变成自己工作的助力，将他们的需求变成自己下一个事业增长点。比如社区内某一家科技企业需要为新产品上线做新媒体推广，这时便可以通过优客工场社交平台寻找带有“新媒体”“推广”标签的个人与企业，并与之发生联系促成交易，这种撮合交易实现了企业闲置资源的再利用和个人才能的充分发挥，达到了为企业赋能并使个人增值的双重目的。

社交分享实现共享价值

优客工场的注册会员可以在优客工场社交平

台的“社交动态”中寻求帮助、提出需求、分享技能。例如某社区中的某餐饮品牌企业需要寻找一位擅长摄像及后期剪辑的人做一期节目，这个需求是暂时性而非长期的，该企业也没有招聘这类人才的预算。这时这家企业便可以在社交平台发布人才需求消息，寻找社区内有摄像及后期剪辑技能的自由工作者，而符合需求的人看到消息后便可与之联系达成合作，这种寻求与反馈所产生的价值，便是共享价值的生动体现。

社交网络搭建实现长期价值

通过良好的线上社区搭建，可以提高线下整个资源的利用效率和用户黏度。优客工场社交平台不仅可以促成社区内的交易，实现社群共享价值，还可以通过引发话题，聚合内容产生价值；也可以产生有共同兴趣的小组，使会员的互动由线上交流延伸到线下面对面沟通，由职场工作延伸到生活的方方面面。更为重要的是，社交平台还能沉淀用户信息，积累用户行为数据，以此建立用户信用体系。在入驻企业孵化成功离开优客工场的物理空间后，它们依然能够和平台中的企业与个人保持长久的联系。

D. 建立大数据系统，构建联合办公生态圈

优客工场信息大数据服务支持平台是在大众创业、万众创新的全新科技浪潮中建设的互联网信息服务平台。该平台主要服务于众创空间，对空间中的企业客户成长历程中的相关数据进行收集、整理并输出；然后依据数据模型，为空间内的企业、个人以及社会中的企业提供更好的企业经营指导和服务、内容、交易对接。

行为

将用户的行为数据，诸如连续性行为等数据联合起来建立大数据系统，将用户不同阶段、不同时间、不同地点的数据相结合，建立客户关系管理系统（CRM）。对数据进行深度挖掘和分析，提供会员分布、发展趋势、消费能力、消费特征、评价等全方位的分析结果，分析用户行为，并对用户行为进行预判，从中挖掘出有价值的信息，为决策经营提供支撑。

CRM 系统与会员体系相结合，不仅可以对各种不同的会员进行有效区分，还可以满足不同会员的特殊需求，同每个会员建立联系。通过与会员体系的结合以及与会员的联系来了解不同用户的不同需求,并在此基础上进行“一对一”的个性化服务。另外，还可以通过数据挖掘找到用户新的需求，全面分析营销成果，全面掌握事前事后数据。

发展

对空间中企业客户成长历程中的相关数据进行收集、整理、输出，建立大数据系统和数据模型，描绘不同企业的特性和共性，描绘出优客工场的“企业画像”。

通过企业画像以及大数据平台，就可以针对企业在成长中的不同阶段，如融资前的种子期、融资后的发展期等，所遇到的不同困难和痛点，为其提供对应的不同服务，即精准化地解决客户需求。

信用

通过建立信誉体系，对服务商和企业进行客观评价、评分，对平台来说，会留下更多优质的数据沉淀。比如，通过对入驻企业的历史消费等数据进行判断，建立其信誉体系，对接到优客工场的服务商。同样，不仅是对企业，对服务商也可以同样建立信誉体系，评价出优质的服务商，将优质的服务商打包提供给企业选择。这样，通过信誉体系，服务商和企业就可以在双向选择的交易环境下，有一个客观的评判标准来进行选择和取舍。举个例子，如果某一企业在优客工场的大数据系统里信誉不好，那向其提供服务时就要慎重，甚至可以拒绝向其提供某些服务。另外，如果某个服务商在线上大数据系统里的信誉评价结果是良好或是优秀，那它被推荐给企业的几率就远远大于其他服务商。

通过大数据平台，对企业以及服务商的行为数据进行分析评价，建立各自不同的信誉体系，不仅可以给企业和服务商提供一个双向的、客观的评价标准供双方进行选择和取舍，还可以促进良性循环，“良币驱逐劣币”，让优客工场的服务商以及企业的质量越来越优质。

行业

通过大数据系统平台的搭建，对入驻企业及共性行业进行研究，对新兴行业以及区域行业进行预判，分析行业情况，从而为不同行业的入驻企业提供更为精准的咨询等服务。

共性行业研究。优客工场的社区虽然各有特色，但是也有共性——都是众创空间，其目的都是为了服务企业。企业规模虽有大有小，业务和产品形态等也各有特色，但它们可以被划分为不同的行业，行业内的企业在某些问题上都是有共性的。通过对大数据系统内不同企业所在的不同行业以及相关数据进行分析，可以研究出行业内部的相关性，以及行业内企业的共性。针对行业内企业普遍的痛点和困难，优客工场大数据系统可以对接线上服务系统，为这些企业按需解决困难。

新兴行业的预判。优客工场大数据平台不仅可以对行业的共性进行研究，还可以通过对搜集到的用户的一系列行为数据和国民经济数据、国家大数据等数据进行联合,实现新兴行业的预判。例如，在某一阶段，通过优客工场大数据系统发现，VR创业企业数量增多，VR从业人员数量激增，说明现阶段VR行业热度越来越高，且这种趋势短期内不会降低。通过这些发现，优客工场就可以将为VR行业提供服务的服务商打包，然后提供给VR行业的企业，为VR行业的企业推荐和提供有特色的新兴科技社区入驻权利等一系列服务。

区域行业的预判。优客工场大数据平台不仅可以对新兴行业进行预判，还可以对区域行业进行预判。在某些区域，其区域本身所带的特性是与行业息息相关的。例如，上海的陆家嘴是金融中心，全上海甚至全中国的金融公司大多分布于此，这里也有优客工场的社区——陆家嘴·优客工场。若通过对大数据进行研究，会发现金融区域内大部分金融企业员工频繁加班，且金融行业在频繁大量地进行交易，然后联系实际，就可以进一步对金融行业的前景做出预判。再者，若社区内某一行业的大多数企业员工频繁跳槽，就有可能说明此行业现阶段处于低谷。当然，具体判断还要依靠大数据以及各种现实情况进行结合判断，这一切的分析与判断都离不开优客工场的大数据平台。

会员体系

会员体系的搭建是线上平台的核心，与服务

商体系结合就基本完成了对优客工场的线上平台的搭建。会员体系的建立可以针对长租会员和非长租会员提供不同的服务。通过建立会员体系，优客工场除了跟企业保持线下的租赁关系，还可以与企业建立一种线上的服务关系，不仅实现了线下收入，还得到了线上收入。

建立会员体系，主要目的是为了让更多的人进入众创空间的社区。此种“进入”并非简单意义上进入物理层面的社区，而是指进入一种物理空间和线上平台共存且相互结合、相互依赖的社区。对于线上社区的建立，其主要目的是为了将更多的人群吸引到线下社区。就像一个超市的APP通过线上平台给顾客发送优惠折扣信息，引导他们进入线下的实体超市进行购物一样。

用户的成长对于会员体系也是有重要意义的。

通过对会员的消费行为、信誉等级、关注的行业等一系列大数据进行分析，制定会员成长等级体系。随着会员等级的提升，用户在成长的同时，其所能享受的服务也逐渐在增多，并越来越优质。这就像超市会员积分卡，消费越多，积分越多，会员等级越高，就能享受更多的优惠。

优客工场的线上服务和线下服务是相互结合且密不可分的，对于不同等级的会员来说，其享有的线上以及线下服务都是不一样的；不同的会员体系，其会员所享受到的服务范围和服务质量也是不一样的。通过制定不同的会员体系，可以对服务商等优质资源进行合理配置，提高利用率，减少资源浪费，达到效益最大化。

优客工场的会员体系有两种，一种是个人的会员体系，一种是企业的会员体系。优客工场会员体系服务的对象不仅是企业，也包括企业里的人。针对企业和个人，分别制定不同的会员体系，提供个性化服务，提高了资源利用率的同时也提升了效益。

会员不仅能享受各种资源和服务，还可以在优客工场进行消费，在线上平台进行社交，与好友进行互动，实现会员共同成长。可以说，优客工场的会员并不单单享受线下租赁工位的优惠，还可以购买物品，享受各类优质服务，以及进行社交互动等一系列活动。

Ⅸ. 从共享际的发展看共享办公到共享社区的商业逻辑

The Changes of Business Logic From Co-Working to Community, Seeing From the Development of 5Lmeet

共享社区意味着人们在空间里共享教育、共享居住、共享办公、共享美食、共享艺术、共享健康、共享服务……这种全新的商业模式正在悄然走近并改变一个行业、一座城市和一个时代。共享际就是这种商业模式的代表。

共享际是将空间打造与生态圈建设打通融合，将存量资产升级改造为可供居住、工作、健康、休闲、文化、娱乐等立体内容的一站式空间。它既是汇聚多元产业和资源的工作场地和孵化平台，也是新生活方式的引领者、产业升级的强劲引擎以及中国城市更新再造的先行实践者。在共享际中，企业和大众感受到的是宜居的、互联的、开放的、有生气的、生态的氛围——这也正是“共享际”的概念内涵。

空间打造和内容运营是共享际发展的核心内容。在空间打造方面，共享际的理念与纽约标志性高空城市公园“高线公园”可以说是不谋而合，既保留了原有历史积淀，又加入了现代城市肌理与活力；在细节的处理上有意识地融合历史记忆、现代环境意识、文化与生态伦理学理念，将空间构建成为一个充满意义、被赋予感觉和价值的世界。但在具体的打造方案上，它们却存在不同，共享际做的是一个中国式的新型公共空间，既有工作、社交的场所，又有休闲生活、相对私密的空间，在功能上更为多元、融合和富于变化。

1. 共享际是 IP 造星师

5Lmeet is the Pushing Hand of Intellectual Property

IP 化将是未来商业发展的重要方向。共享际做 IP 开发，核心内容是从大众对商品认可出发，推进到对品牌形象的认知，最终升级为一种特定场景的生活体验，同时反哺产品本身，也就是致力于最终商业上的成功。对 IP 持有方来说，与共享际合作，后者包括场地、财务、法律、人力、运营等在内的商业运营资源，可以更快更好地帮助企业落地与发展；对于共享际来说，IP 所携带的领域内垄断性内容,将为共享际带来与其他空间的差异化。可以说，IP 运营是共享际完成“品质生活内容大平台”这一定位的最优解决方式。

目前已有文娱、教育、餐饮、体育、音乐等产业确定进驻共享际。与共享际建立合作的企业都主打商业新概念，包括星烁体育旗下运动饮料品牌百淬以及冰球训练场、维康金磊 MTV 集装箱主题酒店及线下 Live Show 和录音体验工作室、时尚达人庄雅婷领衔的文艺生态“文艺加萌”、昆尚传媒旗下昆仑决世界格斗赛事平台、创作型音乐人许飞的音乐类生态“许飞吉他私塾”、蛋糕界的“米其林”MissC Boutique、全极限检验 VR 类生态酷熊科技……共享际还计划吸纳更多创新、有趣的行业进入其体系中。

2. 四大生态圈构建新型消费文化

A New Consumer Culture Established by Four Ecosystems

共享际已签约三处项目，完成了20多万平方米的资源储备。其中，共享际北京顺义区项目，是由厂区改造的20万平方米的超大空间，包括7D影院、VR体验馆、动漫主题乐园和孵化基地、MTV集装箱主题酒店、展览基地、星座大师占卜术等各类新奇好玩的业态。

共享际所做的是将存量资产升级改造为集“居住、办公、生活、健康、休闲、文化、娱乐”为一体的空间，提供安居、乐业、娱情等共享服务。同时寻找、吸引有潜力的生活方式类初创企业，通过深度股权参与及加速孵化，提供包括“核心团队搭建，核心成员辅导，资源整合上下游拓展，组织设计及战略落地，资本市场对接”等增值服务，让初创企业加速发展壮大。

进一步说，共享际将在每一个项目中实现商业、产业、孵化和“互联网 +”四大生态圈的天然勾连和贯通：

- 商业生态圈完成的是共享际的平台化搭建，使得产业生态圈有地方可以落位，并吸引潜力企业，确保孵化成功率；
- 产业生态圈则为商业生态圈以及孵化生态圈提供内容；
- 孵化生态圈提供的资源可反哺产业生态圈，也弥补了商业生态圈对于共享际收入渠道过于狭窄的缺陷；
- “互联网 +”生态圈是资源与信息的整合者，帮助其他三个生态圈更好地运作。

> “最好的商业模式是照应人与城市发展的本质，落脚于文化与情感。”
>
> 共享际创始人毛大庆

今天的都市人有自己独特的情感体验和文化需求，空间所营造的应是持续的、共享的记忆，在内容和消费者之间建立一个可靠的信任关系，培养一种审美趣味，建立一种专业品格。共享际希望能在城市、社会、商业、个人之间建立更具创造性的纽带，由此形成一个全新的、有价值观的新型消费文化。

3. 共享际的营收逻辑

The Operation and Profit Logic of 5Lmeet

对于消费者来说，体验更美好的生活方式就是硬道理；但任何一种新商业模式，不仅要看上去美好，还要有“钱途”和投资价值。

共享际是通过空间收益与通过生态圈赢利之间的平衡，扩宽收入渠道，兼顾稳健运营与高速增长。具体来看，在空间打造中，共享际可获得公寓租金、工作场地租金和商业场地租金；在生态圈建设中，可获得孵化企业分红、投资股权增值和自身价值的提升。可以看出，共享际的思路是基于空间收入与生态圈两大支点，实现服务运营收入和商业咨询营收，并在行业交叉类产品中寻找更多的盈利点。

这恰是共享际的商业运营逻辑——通过场景营造、社群运营，增强人与人、人与产品、人与内容、人与服务之间的黏性，搭建以生活方式为主体的生态系统，使场所成为场景，内容更加多元，业态更为丰富。

附录1 合作、创新、共享，商业界的“共同价值”

Appendix 1 Shared Value in the Marketplace: Cooperation,Innovation and Sharing

2015年9月底，习近平主席在联合国大会发言时指出：“和平、发展、公平、正义、民主、自由，是全人类的共同价值，也是联合国的崇高目标。目标远未完成，我们仍须努力。”这是中国国家领导人第一次在联合国的舞台上大力提倡“共同价值”，并且把“共同价值”提升到全人类的高度，强调全人类的“共同价值”：和平、发展、公平、正义、民主、自由。

随着“共同价值”一词迅速升温，人们开始思考：商业界是否也存在广泛认同的“共同价值”？到底什么才是商业界的“共同价值”？什么才是遨游商界中的企业领袖与创业精英都要遵从的“共同价值”？如何打造商业界的“共同价值”，使我们凝聚和塑造“新常态”下中国商业界新的“商业精神”？

为此，我们总结了三点核心的“共同价值”：合作、创新、共享。

1. 合作是现代商业的核心

Cooperation is the Core of Modern Business

现代商业高速发展的前提是分工，即细分领域专业化，而专业化之后的大生产就要靠合作。因此，合作是现代商业的核心，让大量的专业企业通过合作提高生产效率。

传统经济的竞争是探讨和研究如何利用企业自身的优势来构建和巩固自身竞争优势，那时人们都羡慕在行业竞争中处于“寡头垄断”的大型企业。而在现在与未来，最成功的企业将是最能汇聚合作伙伴甚至竞争对手的“开放性、包容性”企业。它们不断增强以合作平台撬动其他企业的能力，使这一系统能够创造价值，丰富价值链，并从中分享利益。

这种高度与外界和谐共生的企业,我们称之为“生态型企业”，指的是旗下各业务板块之间能够产生化学反应。在化学反应的作用之下，各业务板块之间互相激发、互相促进、互相保护。生态型结构之下，各业务板块的成长性大大提高，生态整体的竞争力获得几何级的乘数效应。生态型企业的优势，不仅极其强大，而且异常稳固，一旦确立，将会自我强化和加速。竞争对手可以对生态型企业进行局部模仿，但难以模仿整体，最终将被彻底击垮。

在苹果的生态系统中，苹果公司定义了一系列的标准化软件接口，通过这些接口，不同的软件公司可以用标准化的接口程序在苹果硬件上实现其不同功能，这使数以万计的开发商能够通过苹果平台发布自己的软件，从而分享生态圈所创造的价值。而这种价值合作的方式也较为简化——苹果从平台软件商的收益中进行固定分成，从而进一步降低了相关的交易成本。

在一个商业生态系统里，合作是关键。每个关键业务领域都必须是健康的，任何一个环节的脆弱都可能损害整体的绩效水平。因此，成员的眼光必须从企业内部转向企业外部，避免企业获取的利益超过生态圈所能够创造的利益，从而导致商业合作的崩溃。因此，合作是商业界“共同价值”的核心。

2. 创新是共同价值的灵魂
Innovation is the Soul of Shared Value

经济学上，创新概念的起源为美籍经济学家熊彼特在1912年出版的《经济发展概论》。熊彼特在其著作中提出：创新是指把一种新的生产要素和生产条件的“新结合”引入生产体系。它包括五种情况：引入一种新产品，引入一种新的生产方法，开辟一个新的市场，获得原材料或半成品的一种新的供应来源、新的组织形式。熊彼特的创新概念包含的范围很广，如涉及技术性变化的创新及非技术性变化的组织创新。

随着商业全球化时代的到来，创新成为驱动经济发展与商业变革的核心动力。而进入21世纪以来，互联网更是将创新的精神深入到商业的各个领域。创新成为企业的灵魂，成为企业的核心竞争力，只有靠创新、靠技术、靠品牌才能抵御风险，才能在危机中把握机遇。因为创新，才诞生了谷歌、Uber、小米、滴滴、优客工场等新兴企业。

现在，我国每天有10 000多家企业注册，平均每分钟就会诞生7家公司。创业大军、创新浪潮无时无刻不在洗礼、重生商业环境，“不是我不明白，而是这世界变化快”，传统行业也必须在“创新”的道路上大踏步前进，探求企业转型的最佳时机和方式方法，以“创新”丰富企业的价值链，获得长远发展。

创新不是一句空话，需要企业革新的意志和切实的行动。对于整个中国经济而言,从“中国制造”到“中国创造”可能会经历量变到质变的漫长征程；但对于某些企业，这或许只是经营理念的转变，可以在较短时间内实现。实现这种转变已成为许多中国企业的当务之急。

3. 共享是共同价值的必然

Sharing is the Necessity of Shared Value

目前，全球范围内正在崛起新的浪潮——共享经济。随着为用户提供城市便捷召车服务的Uber、提供旅行房屋租赁服务的Airbnb、提供汽车租赁服务的ZipCar和SnapGoods、提供联合办公的WeWork等一批企业迅速崛起，以此为标志的共享经济浪潮正在席卷全球。未来，依靠燃烧化石燃料、以消费为基础的工业经济即将终结，而依靠分享、开放和连接发展起来的共享经济则会逐渐繁荣。共享经济对中国的未来将形成深刻而持续的影响，中国的共享经济时代正在向我们走来。

当我们能轻松地与人交流，分享资产、人脉、创意、资源和想法时，所有的一切都改变了。Web 2.0、共享经济、众包、协同式生产、协同消费和网络效应等，都是在这一转型过程中出现的现象。这些企业的崛起都有一个共同的基础：产能过剩＋共享平台＋人人参与。人们工作、创业和经济发展的方式也都因此而发生了改变。

优客工场就是共享经济在办公领域的探索与实践。优客工场模式最核心的就是四句话：**以桌子为入口，多维度盈利，共享即价值，大数据是资产。**最早我们以为拿桌子赚钱，现在，变成了桌子仅仅是入口，多维度盈利，共享才可以带来价值,最后是大数据。我们会在未来的三到四年之内，看见大数据和共享办公产生出巨大魅力。

试想，优客工场凝聚着大量的投资者、创业者与高创造力的群体，共享的资源可以连接这里面个人和企业的最佳能力，其实质就是高效利用每种资源和每个利益相关者。“连接”能带来行业的优势（需要较大的规模和大量资源），“个人”能带来个体的优势（本地化、专业化和定制化），两者的有效结合就会产生意想不到的结果，甚至可能是奇迹。通过利用已有资源，如有形资产、技术、网络、设备、数据、社区等实现O2O商业社交平台，优客工场的创业企业就会实现几何级飞跃性成长。

共享经济重新书写了价值创造的法则：分享资源会带来更高的效率；分享知识会带来更伟大的创新。可以说，共享是商业界“共同价值”的必然。

总之，“合作、创新、共享”正是基于时代风口，在互联网时代中日益显现的商业界“共同价值”。善于开放自我、创新自我、共享自我的企业，更能以优美的姿态拥抱互联网，拥抱这个时代。

我们这一代，正在从中国制造到中国“智造”

的路途上奔跑，正在商业模式的爆炸式创新中获得重生，正在经济“新常态”中寻求商业“新模式”下的新价值。而“合作、创新、共享”的共同价值将陪伴着我们披荆斩棘，栉风沐雨，为这个时代重建新的商业精神！

附录 2　以全球化视角看共享经济的崛起

Appendix 2　The Rise of Sharing Economy: from a Globalization Perspective

与传统的酒店业、汽车租赁业不同，共享经济平台公司并不直接拥有固定资产，而是通过撮合交易，获得佣金。正如李开复先生所说，“世界上最大的出租车提供者没有车，最大的零售者没有库存，最大的住宿提供者没有房产（指 Uber、阿里巴巴和 Airbnb 三家）”。然而，就是这种新兴的共享经济模式正席卷全球。

1. 共享经济是商业本质精神的回归

Sharing Economy is Return of the Nature of Business Spirit

原始时代人们不断改进的劳动工具提高了生产力，生产物过剩衍生了原始的交换，也出现了最原始的商业。在商品交换的历史发展过程中，最初的商品交换是物物交换，如1只绵羊与2把石斧相交换。物物交换之所以能够成功是因为双方都需要对方的商品，这就是典型的“共享”的概念。而今，风靡全球的共享经济在互联网浪潮中快速崛起，我们仿佛看到了商业本质精神的一种重新回归。

共享经济是建立在资源共享基础上的，满足客户临时需求的商业模式。从狭义来讲，它是以陌生人之间就物品使用权暂时转移为形式，达到供给方与需求方各取所需目的，以实现物品使用效率大幅提升为特点的商业模式。目前，共享经济在互联网信息、出行、住宿、创新服务等领域已取得了不俗的业绩，如提供旅行房屋租赁服务的Airbnb，提供汽车租赁服务的ZipCar和SnapGoods，为用户提供城市便捷叫车服务的“互联网+”企业Uber。另外，eBay、YouTube、谷歌、

Waze、WeWork、Facebook、WhatsApp、OKCupid，以及中国的阿里巴巴、微信、淘宝，还有优客工场等，这些平台与企业都是共享经济模式下商业转型的一部分。共享经济做了一件大事，就是对人与人、物与物之间连接的媒介进行了再整合，这就是共享经济的创新之一。

我们说共享经济生而逢时，是因为只有在 Web2.0 时代，共享才能真正从概念走向经济。互联网全球的完善、移动智能终端的普及，完成了共享的三个基础：

- 全民移动化，尤其是服务提供者（如 Airbnb 房主）开始接入移动互联网，解决了共享前端供给问题。
- 移动支付：国外的苹果支付、国内的支付宝等的应用和普及，解决了利益交换的问题。
- 共享平台提供了供给方与需求方的互相评价机制、动态定价机制，是共享经济最生动的场景展现。

2. 全球化视角下的共享经济
Sharing Economy: from a Globalization Perspective

全球化（globalization）一词，是一种概念，也是一种人类社会发展的现象过程。但毫无疑问，全球化是基于打破地域限制的人与人之间不断增强的联系，促成了全球的政治、经济贸易上的相互依存，进而形成全球一体的人类意识。只要是稍微了解共享经济的人，都不难理解，全球化给共享经济的发展创造了基础条件，互联网、通信、交通等领域科技的进步为共享经济的发展提供了物质条件，于是全球化与共享经济相互促进，共同影响人类社会。

当我们惊讶于阿里巴巴莫名其妙地崛起，淘宝风靡全国，微信成了大多数年轻人日常无法离开的交流工具时，却不能忽视 eBay、Facebook、Google 等国外共享平台早已布局全球，并悄然渗透进我们的生活中。显然，这就是时代的特点，共享经济早已在全球崛起。这里，我们以两个具有代表性的企业 Airbnb 和 Uber 的全球化发展来看共享经济。Airbnb 和 Uber 是共享经济时代的革命者和先行者，一个打破了传统的房屋使用观，一个开启了新的用车共享时代。

Airbnb 成立于 2008 年 8 月，总部设在美国加州旧金山市。它是一个旅行房屋租赁社区，用户可通过网络或手机应用程序，发布、搜索度假房屋租赁信息，并完成在线预定。Airbnb 用户遍布 190 个国家近 34 000 个城市，发布的房屋租赁信息达 5 万条。Airbnb 被《时代周刊》称为“住房中的 eBay”。其创办的出发点，源于创始人在当时一个国际设计大会期间“床 + 早餐”的创意。它旨在帮助用户通过互联网预订有空余房间的住宅（民宿）。由于供给端的迅速打开，以及 Airbnb 所提供的各具特色的民宿，

Airbnb在住宿业内异军突起，预定量与房屋库存开始比肩希尔顿、洲际等跨国酒店集团。

与Airbnb相类似，Uber自2009年成立以来，就在交通领域掀起了一场革命。它打破了传统由出租车或租赁公司控制的租车领域，通过移动应用，将出租车辆的供给端迅速放大，并提升服务标准，如在出租车内为乘客提供一些实用小物品如充电器、矿泉水等服务，将全球租车行业带入了一轮新的变革之中。目前，Uber已经在全球范围内覆盖了121座城市，其中亚太地区有25座城市。在中国内地，它已经进驻了上海、北京、广州、深圳、杭州、成都、武汉7个城市。其中上海是Uber进入中国的第一个城市。

作为全球共享经济产业内的龙头，Uber和Airbnb在过去3年迅猛发展，两家成立不到10年的企业，当前估值已经分别达到510亿美元和255亿美元。其中，

Uber 公司成为全球估值达到 500 亿美元用时最短的公司（5 年 11 个月），并超过小米成为全球估值最高的非上市科技公司。

共享经济是社会服务行业内最神奇的要素。在交通、教育、旅游、生活、住宿等领域，优质的共享经济公司不断成长，新模式不断涌现，在供给端整合线下资源，在需求端为消费者提供更优质的体验。

附录 3 用户体验是共享经济获得快速发展的不二法门

Appendix 3 User Experience Is the One and Only Way to Rapid Expansion of Sharing Economy

随着互联网在各个行业的深入延伸，在全世界范围内产生了一个新的经济浪潮——共享经济。共享经济风靡全世界，用户体验是共享经济获得快速发展的不二法门。

1. 把握用户体验才是生存之本及快速发展之道

User Experience is Key to Entrepreneurial Success and Rapid Expansion

用户体验是什么？它是一种纯主观的，在用户使用一个产品（服务）的过程中建立起来的心理感受。这里分享诺曼的一句话："用户是没有错的，如果用户在使用某物品的时候遇到麻烦，那是因为设计出了问题。”我认为，用户体验就是要做到超预期，让用户使用时感到产品超过了他们的预期（包括便捷、流畅、效率、速度、价值等）。在互联网时代，你不重视用户的想法,用户可以选择点击屏幕右上角的“×”，或者放弃你的产品。这就是共享经济条件下你所面对的环境。无论做产品还是做设计，都是如履薄冰。重视用户体验还要了解互联网时代用户的习惯，即行为的惯性、需求的个性、第一印象的重要性、相信熟人的推荐、操作的简单、对文字加图片的偏好、注重资金的安全、搜索便捷、私隐保护等。让我们先看看几个例子，来切身感受共享经济成功的企业是如何重视用户体验的。

2. 共享经济“独角兽”们都在做用户体验
Unicorns in Sharing Economy are Focusing on User Experience

从国外的例子来看，首先是Airbnb，可以说它的迅速发展离不开对用户体验的重视。Airbnb创始人们对网站进行了优化，简化了支付流程，租客只需输入一个信用卡卡号，户主就可以自动收到房费。另外，只需一个按键，房主就能预约一个免费的专业摄影师上门拍摄房间照片，并上传到Airbnb的页面信息上。这些做法让Airbnb变得体面而时尚，安全而值得信赖。仅仅是图片的差距，就足以让用户更愿意到Airbnb网站订房间。一旦Airbnb的用户喜欢上他们的服务，就会形成一传十、十传百的口碑。因为专注于用户体验，Airbnb公司的收入每周都会翻几番。

Uber有着不同的视角，它从乘客和司机两种用户利益的视角出发，使用经济杠杆来平衡乘客与司机的用户体验，各取所需。乘客获得舒适的用车服务，司机获得他们最想要的劳动收入。对于 Uber 的用户，只要身边看到有车，基本都可以呼叫到司机，这也就是为什么 Uber 进入中国市场时间不长，就一下跃升到国内同类行业第二位的原因。

iPhone5s 有两点创新让人印象深刻，一个是它会根据你使用软件的频率，在你下次使用之前自动更新内容，让你无须等待加载；另一个就是指纹解锁功能。可想而知，当你每次去 AppStore 都要面对由字母、数字、大小写组成的密码时，有多么烦恼。即使是屏幕的解锁也要耗费 1~2 秒的时间。现在用手指一键解锁，这就是超出预期的用户体验。

腾讯的经营理念之一是“一切以用户价值为依归”。马化腾也认同：产品的核心能力是帮助用户解决他们某一方面的需求，如节省时间、解决问题、提升效率等；其次是口碑，特别是关注高端用户、意见领袖关注的方向；然后是要时时更新，做到细致。

3. 做联合办公领域最好的用户体验
Striving for the Best User Experience Operator in Co-Working Industry

以上都是国内外知名的共享经济环境下成长的“独角兽”企业，他们都是以用户体验为产品创新、开发的基石，并取得了极为有效的成果。优客工场的创新并不局限在办公空间的共享或办公设备的共享上，而是认为在共享经济的理念上有巨大的延伸空间。从业务上，由办公桌延伸出来的业务在不断增加，包括人力、财务、法务、品牌宣传等，以及银行、投资人与创业者的对接。以此为基础，紧接着是对 O2O 流量的转化，对大数据的处理，在用户体验之上的服务、产品、设计的改进，在这些方面我们会衍生出更多的创新，比如创业人群的生活与居住方案解决、优客社群质量的提升等。优客工场本身就是共享经济的产物，所以我们深刻体会到用户体验对于共享经济的价值。

在用户体验方面，优客工场有着特别的途经，就是深度连接与社交。社群建设中的社群活动、人与人面对面的交流，是最直接的用户体验。在优客工场里设有专门的社区活动公告板。在这里，优客工场会定期举行一些活动，促进入驻企业间的交流。而入驻企业本身，也可以根据自己的资源优势，举行一些专业的或独具特色的社区活动。在优客工场举办的各类活动中，最受欢迎的是行业大咖的讲座，包括对创业、创新、健康、心理成长、音乐等话题的分享。比如2014年10月“Start+女性主题创业周女性创业咖啡沙龙”，以诺教育总裁刘青就女性创业问题与观众进行了讨论和分享，受到了众多女性创业者的欢迎；也有专业性更鲜明的如资金对接、财务管理、人力成本、法律服务等方面的分享，比如海龙社区“天道诚专题讲堂：7个中小企业必须知道的年末财税事项”。在这些连接与社群活动的交互中，用户体验的数据正在被我们收集，后期经过对大数据的处理，就为开展进一步的社群活动和开发新的创新服务提供了很有价值的依据。

从互联网时代用户体验来说，用户对产品是：3秒站点印象，30秒了解产品，3分钟了解产品价值，3天认同站点，3周使用习惯，3月口碑效应，3年品牌认同。从这里可以看到，培养消费者习惯是一个日积月累的过程，一旦失去用户，可能很难挽回。在共享经济条件下，企业要注意的环节有很多，但最核心还是在于用户体验。

附录4　从优客工场看共享经济的九字要诀

Appendix 4　Nine-Word Knack of Sharing Economy: from UrWork's Perspective

据统计，2014 年全球共享经济的市场规模达到 150 亿美元。到 2025 年,这一数字将达到 3 350 亿美元，年复合增长率达到 36%。

大家都在探究隐藏在年复合增长率为 36% 的“共享经济”背后的秘密是什么。优客工场作为共享经济的代表，在 5 个月内估值达到了 17 亿人民币，在全国选择了 36 个合作场地。我个人从优客工场的成长中总结了共享经济的“九字要诀”:**生态、社群、分享、大数据**。所谓背后的秘密则在于，通过“共享”重新构建了人与人之间的关系，升华了“共享”过程中的经济和人性行为，隐藏在商业模式背后的人性哲学成为真正助推共享经济快速发展的魔手。

1. 共享经济重新书写价值创造的法则
Sharing Economy Rewrites the Rule of Value Creation

在优客工场，创业者可以通过“投资直通车”直接面对心仪的投资机构和投资大咖，将“资本”直接娶入家门，抑或将投资大咖对项目中肯和一针见血的建议“收入囊中”；创业者也可以与“法务三人行”并肩而战，将执业经历总和超过50年的律师组合作为自己创业的铜墙铁壁，而请“护身符”入家门不仅价格享受打包优惠，在收费模式上也大开绿灯；创业者除了在核心运营方面取得传统办公场所所不具备的支持和资源外，社区文化更加丰富多彩。这种全新的联合办公形式，很好地诠释了共享经济中“生态、社群、分享、大数据”的要诀。

（1）生态。共享经济可以打造更加紧密、可持续发展的企业与企业（个人与个人）的生态系统。共享经济由于其“共享”二字，将人与人通过某种纽带变为一条线的两个点，没有空间和时间的隔阂，从而将人与人、企业与企业需要靠生态链生存的环境打造得更加紧密。由于共享办公，企业与企业之间的沟通缝隙变得越来越小，企业同时作为设计者、生产者、消费者、代理商、供应商的不同身份，在优客工场内部可以自由转换。优客工场要打造的是一个新兴共享经济的生态系统,推动创业者与创业者之间的“伙伴式协同创业”，使创业生态更加丰富与完善，创新型社会持续稳定发展。

（2）社群。共享经济通过移动互联网打通线上线下，构建社群文化，带动社群经济的崛起。社群“community”一词源于拉丁语，有聚焦、义务之意。现在我们所说的社会学意义上的社群，是在一定地域内发生各种社会关系和社会活动，有特定的生活方式，并具有成员归属感的人群所组成的一个相对独立的社会实体。优客工场建立的全要素孵化机制创业平台，“不让创业者为工作之外的琐事烦心”的办公社群让优质服务触手可及。从给入驻企业提供办公场所为入口，将闲置的资源最大化充分利用，免费提供公共空间、网络、茶水、打印、安保服务，这些免费的公共区域是创业者进行信息交流的最佳平台，也是社群文化形成的直接推手。因此，优客工场以桌子为入口，正在构建的是一个社群化、网络化的平台。

（3）分享。分享是共享经济的核心价值。在优客工场聚集着大量投资者、创业者，大量的资源需要在线下进行实体碰撞。分享即价值，分享即机会。优客工场搭建的共享经济要诀之一——“分享”平台，实质就是高效利用每种资源和每个利益相关者。进入优客工场这个家庭，办公场所是最大的沟通、资源共享平台，Cyx 的排列无法预测将来能产生多少组合形式，发生多少化学反应。

（4）大数据。大数据即是资产。优客工场陆续给每个进来的企业和人贴标签，在数据库里进行分类。僵硬的数字本身不产生价值，优客工场对数据进行专业化的处理即“加工”的能力才是使得大数据有生命力、具有资产特性的操作手段。“数据即资产”的概念被越来越多的人接受和认可，未来人们将会迎来大数据时代，“数据银行”的产生势在必行，谁享有的数据资产多，谁就有更大的竞争优势。

总之，共享经济重新书写价值创造的法则，要诀就可以归纳为：生态、社群、分享、大数据。

2. 共享经济重新构建人与人之间的关系
Sharing Economy Remoulds the Relationship among People

2015年9月7日，Uber创始人特拉维斯·卡兰尼克（Travis Kalanick）在清华大学发表的《伟大创业者的8个特质》演讲中说道：

> Uber如果可以帮人们赢回时间，甚至比他们原来预期可以节省的时间更多，那么就已经创造了魔力。如果可以给用户带来很大的喜悦感，那么就已经创造了魔力。最后，如果用户在一天内获得更多的收入，甚至超出了他们原来的预期，或者让他们节省更多的开销，那么就已经创造了魔力。

这种魔力，让我不禁联想到小时候，由于物资短缺，院子里的孩子和大人是一起到有电视的邻居家看电视的，那种热闹的场景至今还令我难以忘怀，好像看“露天电影”。这是共享经济的早年形态，但不具有资源闲置和实现收入这两个特性。而随着物质生活越来越丰富，人们都关上房门在自己家看电视，家庭主妇们自己抱着纸巾盒追韩剧，男人们自己掂着啤酒瓶看球赛，但其实人们心里似乎都更加怀念那种大杂院的感觉。人们又开始邀请好朋友到家中一起看球赛，一起追韩剧了，但是当然，招待朋友是不会要钱的。然而，这也是一种共享经济的思路，除了没有实现收入外，的的确确让闲置的资源利用率单方面提高了。

共享经济不仅仅是一种商业模式，它还在重新构建人与人之间的关系。中国明代最著名的思想家、哲学家、文学家和军事家王阳明的心学总结是：无善无恶心之体，有善有恶意之动，知善知恶是良知，为善去恶是格物。共享经济重新构建人与人之间的关系，对“陌生人社区、半熟人社区、熟人社区”分别进行着圈层化互动，基于某种物质、空间、时间的“共享”，人们从“无善无恶心之体”的陌生人交往逐步向“为善去恶是格物”的熟人关系移动，这种移动重新书写了人与人的关系，升华了整个共享体验。

在优客工场，我深信将有美妙爱情故事的发生；将会有很多的闺蜜、哥们儿展开心灵的碰撞；将会有“男神”“女神”的诞生；将会有多个“优客吉尼斯”产生；充满激情与活力的创业者们会把到优客工场办公作为叫醒他们的“闹钟”！试想，一个人在他醒着时待的时间最长的地方，若总是能有新鲜感、温馨感、家的感觉或者加速器的感觉，将会爆发什么样的一个小宇宙！Airbnb 曾经做过一次调查，发现人们在选择时，房主与自己是否有共同爱好是一个重要的考量点，这很有趣，不过也很合乎情理。平台让人们相互连接，兴趣与爱好更是给这个连接加了一把锁，产生了一种无形的稳固的连接。

优客工场致力于“做创业企业的五星级保姆”。入驻企业在优客工场可以找到家的感觉，可以找到久违了的“大院”“村庄”的感觉。人们互相认识，互相帮忙，互相共享信息，互相聊天谈事。我们最终会发现，在共享经济的氛围里，商业、盈利、成功仿佛已经退居次要位置，人与人的沟通、连接、交流才更显弥足珍贵。

湛庐，与思想有关……

如何阅读商业图书

商业图书与其他类型的图书，由于阅读目的和方式的不同，因此有其特定的阅读原则和阅读方法，先从一本书开始尝试，再熟练应用。

阅读原则1 二八原则

对商业图书来说，80%的精华价值可能仅占20%的页码。要根据自己的阅读能力，进行阅读时间的分配。

阅读原则2 集中优势精力原则

在一个特定的时间段内，集中突破20%的精华内容。也可以在一个时间段内，集中攻克一个主题的阅读。

阅读原则3 递进原则

高效率的阅读并不一定要按照页码顺序展开，可以挑选自己感兴趣的部分阅读，再从兴趣点扩展到其他部分。阅读商业图书切忌贪多，从一个小主题开始，先培养自己的阅读能力，了解文字风格、观点阐述以及案例描述的方法，目的在于对方法的掌握，这才是最重要的。

阅读原则4 好为人师原则

在朋友圈中主导、控制话题，引导话题向自己设计的方向去发展，可以让读书收获更加扎实、实用、有效。

阅读方法与阅读习惯的养成

（1）回想。阅读商业图书常常不会一口气读完，第二次拿起书时，至少用15分钟回想上次阅读的内容，不要翻看，实在想不起来再翻看。严格训练自己，一定要回想，坚持50次，会逐渐养成习惯。

（2）做笔记。不要试图让笔记具有很强的逻辑性和系统性，不需要有深刻的见解和思想，只要是文字，就是对大脑的锻炼。在空白处多写多画，随笔、符号、涂色、书签、便签、折页，甚至拆书都可以。

（3）读后感和PPT。坚持写读后感可以大幅度提高阅读能力，做PPT可以提高逻辑分析能力。从写读后感开始，写上5篇以后，再尝试做PPT。连续做上5个PPT，再重复写三次读后感。如此坚持，阅读能力将会大幅度提高。

（4）思想的超越。要养成上述阅读习惯，通常需要6个月的严格训练，至少完成4本书的阅读。你会慢慢发现，自己的思想开始跳脱出来，开始有了超越作者的感觉。比拟作者、超越作者、试图凌驾于作者之上思考问题，是阅读能力提高的必然结果。

好的方法其实很简单，难就难在执行。需要毅力、执著、长期的坚持，从而养成习惯。用心学习，就会得到心的改变、思想的改变。阅读，与思想有关。

[特别感谢：营销及销售行为专家 孙路弘 智慧支持！]

我们出版的所有图书，封底和前勒口都有“湛庐文化”的标志

并归于两个品牌

找“小红帽”

为了便于读者在浩如烟海的书架陈列中清楚地找到湛庐，我们在每本图书的封面左上角，以及书脊上部 47mm 处，以红色作为标记——称之为**“小红帽”**。同时，封面左上角标记**“湛庐文化 Slogan”**，书脊上标记**“湛庐文化 Logo”**，且下方标注图书所属品牌。

湛庐文化主力打造两个品牌：**财富汇**，致力于为商界人士提供国内外优秀的经济管理类图书；**心视界**，旨在通过心理学大师、心灵导师的专业指导为读者提供改善生活和心境的通路。

阅读的最大成本

读者在选购图书的时候，往往把成本支出的焦点放在书价上，其实不然。

时间才是读者付出的最大阅读成本。

阅读的时间成本=选择花费的时间+阅读花费的时间+误读浪费的时间

湛庐希望成为一个“与思想有关”的组织，成为中国与世界思想交汇的聚集地。通过我们的工作和努力，潜移默化地改变中国人、商业组织的思维方式，与世界先进的理念接轨，帮助国内的企业和经理人，融入世界，这是我们的使命和价值。

我们知道，这项工作就像跑马拉松，是极其漫长和艰苦的。但是我们有决心和毅力去不断推动，在朝着我们目标前进的道路上，所有人都是同行者和推动者。希望更多的专家、学者、读者一起来加入我们的队伍，在当下改变未来。

湛庐文化获奖书目

《大数据时代》

国家图书馆“第九届文津奖”十本获奖图书之一
CCTV“2013中国好书”25本获奖图书之一
《光明日报》2013年度《光明书榜》入选图书
《第一财经日报》2013年第一财经金融价值榜“推荐财经图书奖”
2013年度和讯华文财经图书大奖
2013亚马逊年度图书排行榜经济管理类图书榜首
《中国企业家》年度好书经管类TOP10
《创业家》“5年来最值得创业者读的10本书”
《商学院》“2013经理人阅读趣味年报·科技和社会发展趋势类最受关注图书”
《中国新闻出版报》2013年度好书20本之一
2013百道网·中国好书榜·财经类TOP100榜首
2013蓝狮子·腾讯文学十大最佳商业图书和最受欢迎的数字阅读出版物
2013京东经管图书年度畅销榜上榜图书，综合排名第一，经济类榜榜首

《牛奶可乐经济学》

国家图书馆“第四届文津奖”十本获奖图书之一
搜狐、《第一财经日报》2008年十本最佳商业图书

《影响力》（经典版）

《商学院》“2013经理人阅读趣味年报·心理学和行为科学类最受关注图书”
2013亚马逊年度图书分类榜心理励志图书第八名
《财富》鼎力推荐的75本商业必读书之一

《人人时代》（原名《未来是湿的》）

CCTV《子午书简》·《中国图书商报》2009年度最值得一读的30本好书之“年度最佳财经图书”
《第一财经周刊》· 蓝狮子读书会·新浪网2009年度十佳商业图书TOP5

《认知盈余》

《商学院》“2013经理人阅读趣味年报·科技和社会发展趋势类最受关注图书”
2011年度和讯华文财经图书大奖

《大而不倒》

《金融时报》· 高盛2010年度最佳商业图书入选作品
美国《外交政策》杂志评选的全球思想家正在阅读的20本书之一
蓝狮子·新浪2010年度十大最佳商业图书，《智囊悦读》2010年度十大最具价值经管图书

《第一大亨》

普利策传记奖，美国国家图书奖
2013中国好书榜·财经类TOP100

《真实的幸福》

《第一财经周刊》2014年度商业图书TOP10
《职场》2010年度最具阅读价值的10本职场书籍

《星际穿越》

2015年全国优秀科普作品三等奖

《翻转课堂的可汗学院》

《中国教师报》2014年度“影响教师的100本书”TOP10
《第一财经周刊》2014年度商业图书TOP10

湛庐文化获奖书目

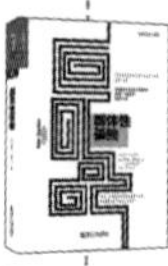

《爱哭鬼小隼》
国家图书馆“第九届文津奖”十本获奖图书之一
《新京报》2013年度童书
《中国教育报》2013年度教师推荐的10大童书
新阅读研究所“2013年度最佳童书”

《群体性孤独》
国家图书馆“第十届文津奖”十本获奖图书之一
2014“腾讯网·啖书局”TMT十大最佳图书

《用心教养》
国家新闻出版广电总局2014年度“大众喜爱的50种图书”生活与科普类TOP6

《正能量》
《新智囊》2012年经管类十大图书，京东2012好书榜年度新书

《正义之心》
《第一财经周刊》2014年度商业图书TOP10

《神话的力量》
《心理月刊》2011年度最佳图书奖

《当音乐停止之后》
《中欧商业评论》2014年度经管好书榜·经济金融类

《富足》
《哈佛商业评论》2015年最值得读的八本好书
2014“腾讯网·啖书局”TMT十大最佳图书

《稀缺》
《第一财经周刊》2014年度商业图书TOP10
《中欧商业评论》2014年度经管好书榜·企业管理类

《大爆炸式创新》
《中欧商业评论》2014年度经管好书榜·企业管理类

《技术的本质》
2014“腾讯网·啖书局”TMT十大最佳图书

《社交网络改变世界》
新华网、中国出版传媒2013年度中国影响力图书

《孵化Twitter》
2013年11月亚马逊（美国）月度最佳图书
《第一财经周刊》2014年度商业图书TOP10

《谁是谷歌想要的人才？》
《出版商务周报》2013年度风云图书·励志类上榜书籍

《卡普新生儿安抚法》（最快乐的宝宝1·0~1岁）
2013新浪“养育有道”年度论坛养育类图书推荐奖

延伸阅读

《全球风口》

◎ 互联网趋势专家、海银资本创始合伙人王煜全与北京大学国家发展研究院教授、北京大学法律经济学研究中心联席主任薛兆丰重磅新书！解读全球积木式创新新潮流，把握全球新风口。

◎ 老牛基金会理事长张醒生、清华大学教授陈文光、阿里巴巴集团前高级研究员及副总裁梁春晓等联袂推荐。

《创业无畏》

◎ 彼得·戴曼迪斯继畅销书《富足》之后又一部扛鼎之作！《富足》告诉我们20年后的世界将会怎样，而《创业无畏》则是帮我们抵达未来世界的行动路线图。

◎ 美国前总统克林顿、张瑞敏、张亚勤、高红冰、网大为、李开复、徐小平、毛大庆、陈劲等联袂推荐！

《共享经济》

◎ 汽车共享公司 Zipcar、无线网络连接公司 Veniam、点对点汽车租赁公司 Buzzcar 以及拼车网站 GoLoco 联合创始人、共享经济鼻祖罗宾·蔡斯最新力作。

◎ UrWork（中国）创始人毛大庆、途家网联合创始人罗军、滴滴打车副总裁朱平豆、英特尔中国研究院院长吴甘沙、畅销书《长尾理论》作者克里斯·安德森等联袂推荐。

《创新者的处方》

◎ 哈佛大学商学院教授、颠覆式创新之父克莱顿·克里斯坦森十年磨剑之作。

◎ 把握美国医疗保健业命脉的睿智之作，医疗改革和创新技术行业必读书目。

◎ 纽约市市长迈克尔·布隆伯格、美国国家科学院医学研究所所长哈维·芬伯格、美国卫生与公共服务部部长迈克尔·莱维特等联袂推荐！